公路工程施工测量现场实用程序计算技术

CASIO *fx*-5800/9750 计算器计算任意线路中边桩坐标高程通用程序及应用

韩山农　邱星华　著

U0247073

人民交通出版社股份有限公司

北　京

内 容 提 要

本书以线路施工现场任意线路(直线、对称缓和曲线、非对称缓和曲线、完整及不完整缓和曲线、圆曲线、复曲线、匝道等、竖曲线、超高曲线等)上点位的坐标和高程计算实操案例,详细解析了 CASIO fx-5800/9750 计算器计算任意线路上任一线元段上点位坐标和高程的通用程序的程序清单、程序功能及注意事项、程序执行操作步骤以及程序执行操作技术。

本书可作为从事线路现场施工测量技术人员,特别是新上岗的线路测量技术人员计算点位坐标和高程的得力助手和有力的工具。本书也可供高等院校路桥专业师生学习时参考。

图书在版编目(CIP)数据

CASIO fx-5800/9750 计算器计算任意线路中边桩坐标高程通用程序及应用 / 韩山农著. — 北京 :人民交通出版社股份有限公司,2022.7

ISBN 978-7-114-18010-1

Ⅰ.①C… Ⅱ.①韩… Ⅲ.①工程测量—应用软件 Ⅳ.①TB22-39

中国版本图书馆 CIP 数据核字(2022)第 100642 号

书　　名:	CASIO fx-5800/9750 计算器计算任意线路中边桩坐标高程通用程序及应用
著 作 者:	韩山农　　邱星华
责任编辑:	王　霞　　刘国坤
责任校对:	孙国靖　　宋佳时
责任印制:	刘高彤
出版发行:	人民交通出版社股份有限公司
地　　址:	(100011)北京市朝阳区安定门外外馆斜街 3 号
网　　址:	http://www.ccpcl.com.cn
销售电话:	(010)59757969,59757973
总 经 销:	人民交通出版社股份有限公司发行部
经　　销:	各地新华书店
印　　刷:	北京虎彩文化传播有限公司
开　　本:	720×960　1/16
印　　张:	6
插　　页:	2
字　　数:	118 千
版　　次:	2022 年 7 月　第 1 版
印　　次:	2022 年 7 月　第 1 次印刷
书　　号:	ISBN 978-7-114-18010-1
定　　价:	38.00 元

(有印刷、装订质量问题的图书由本公司负责调换)

自 2004 年以来,作者通过与著作递次发表了一系列 CASIO 可编程计算器现场现算现放线路工程施工测量点位坐标和高程的程序。十多年来,这些程序一直深受广大线路工程现场施工测量技术人员的认可、关注和喜爱,作者陆续收到许多感谢的来函、来电,有的读者说,这些来自生产一线的程序,阵容小,步骤少,语句短,字符易选,输入容易,不易出错,很适合现场测量人员使用;有的读者说这些程序是他搞线路施工测量的得力助手,帮了他很大的忙,解决了很多难题;还有的读者说,这些生产实践中的程序非常实用,操作方便,计算快捷准确可靠,是干线路施工测量的有力工具。

近些年来,有些读者,特别是刚走出校门新上岗的测量新手希望作者能提供一个或两个程序,就能计算任意组合线路的点位坐标和高程。这一希望(建议)与我的研究课题不谋而合,早在 2010 年,我已开始探索研究用一个程序能够计算任意线路(对称、非对称、完整、不完整、匝道、复曲线等线路)上点位坐标的问题。2013 年我会同国际关系学院信息科技学院邱星华同学终于潜心研发成功用一个程序计算任意线路点位坐标的程序。

这一程序不但可计算直线、对称缓和曲线、非对称缓和曲线、圆曲线、完整缓和曲线、不完整缓和曲线组成的线路上点位的中、边桩坐标,还可计算匝道、复曲线任意线路上点位的中、边桩坐标;不但可计算任意线路任一线元上点位的中、边桩坐标,还可计算全线任意一点的中、边桩坐标。

这一程序,现已经过三年的现场实践验证,并经过对现行公路工程施工测量书籍上点位坐标计算案例核算验证,证明这个程序计算的精度可满足现行规范及设计要求。实践证明,这个程序阵容短小,语句精简,字符易选,操作方便,计算快捷,准确可靠。

这个程序,我们命名为:任意线路中、边桩坐标计算通用程序。

关于任意线路中、边桩高程计算,推荐书中叙述的:直竖联算程序。

关于任意线路缓和超高段高程计算,推荐书中叙述的:绕中轴旋转的超高横坡度、加宽值及边桩设计高程计算程序及绕边轴旋转的超高横坡度、加宽值及边桩设计高程计算程序。

本书详细地介绍了任意线路坐标和高程计算程序清单、程序功能及注意事项、程序操作方法步骤以及程序计算案例。从事线路工程现场测量技术人员,特别是新上岗的测量员,只要熟练地掌握了这一计算技术,就能很方便、快捷、准确地计算任意线路点位的坐标和高程。

韩山农　邱星华

2015. 12. 16

目录 MULU

第 1 章　CASIO ƒx-5800/9750 计算器计算任意线路中、边桩坐标
通用程序 ··· 1

1.1　程序计算线路中、边桩坐标技术概述 ···················· 1

1.2　ƒx-5800/9750 计算任意线路中、边桩坐标的通用程序 ·········· 2

  1.2.1　任意线路单一线元坐标计算通用程序 Ⅰ ··········· 2

  1.2.2　任意线路单一线元坐标计算通用程序 Ⅱ ··········· 6

  1.2.3　任意线路全线任意一点坐标计算通用程序——全线通任意
     线路坐标计算通用程序 ································· 7

1.3　线路坐标计算通用程序执行前的准备工作 ············· 11

  1.3.1　将施工标段的线路线形分成线元段 ··············· 11

  1.3.2　正确判断取用线元段起点半径和终点的半径 ········· 12

  1.3.3　计算线元段起点的切线方位角与坐标 ··············· 13

  1.3.4　计算线元段的长度 ····························· 15

  1.3.5　正确判断取用线路转弯方向 ····················· 15

  1.3.6　草绘线路线元图或编制线路线元起算数据表 ········· 15

1.4　坐标计算通用程序计算任意线路上任意一点中、边桩坐标
   实操案例 ·· 21

  1.4.1　坐标计算通用程序计算线路主线上任意一点中、边桩坐标
     实操案例 ··· 21

  1.4.2　坐标计算通用程序计算匝道上任意一点中边桩坐标
     实操案例 ··· 24

  1.4.3　坐标计算通用程序计算几个同向圆曲线上任意一点中、
     边桩坐标实操案例 ································· 31

  1.4.4　坐标计算通用程序计算涵洞基础放样点坐标实操案例 ······ 36

  1.4.5　坐标计算通用程序计算桥梁基础放样点坐标实操案例 ······ 42

  1.4.6　全线通任意线路坐标计算通用程序计算任意线路上任意
     一点中、边桩坐标实操案例 ······················· 52

第 2 章　CASIO ƒx-5800/9750 计算器计算任意线路中、边桩高程
通用程序 ··· 54

2.1　程序计算线路中、边桩高程技术概述 ···················· 54

2.2　ƒx-5800/9750 计算任意线路高程的通用程序 ·············· 55

    2.2.1 任意线路单一竖曲线高程计算通用程序——直竖联算法……… 55

    2.2.2 线路全线任意一点高程计算程序——线路高程计算全线通

        程序 ……………………………………………………………… 57

  2.3 线路高程计算通用程序执行前的准备工作……………………… 60

    2.3.1 收集并复印资料 ……………………………………………… 60

    2.3.2 全面熟悉设计图表并掌握要点 ……………………………… 60

    2.3.3 绘制线路竖曲线相邻纵坡段连接示意图 …………………… 69

  2.4 高程计算通用程序计算线路施工层任意横断面中、边桩高程

    实操案例 ……………………………………………………………… 69

    2.4.1 单一竖曲线通用程序计算线路施工层任意横断面中、边桩

        高程实操案例 ………………………………………………… 69

    2.4.2 线路高程计算全线通程序计算线路施工层任意横断面中、

        边桩设计高程实操案例 ……………………………………… 72

  2.5 线路弯道超高段设计高程计算程序……………………………… 73

    2.5.1 线路弯道超高段设计高程计算概述………………………… 73

    2.5.2 弯道超高段任意横断面横坡度及设计高程计算程序……… 74

    2.5.3 弯道超高段任意横断面横坡度及设计高程计算实操案例……… 80

附录 线路直线段中、边桩坐标计算程序……………………………… 85

第1章 CASIO *fx*-5800/9750 计算器计算任意线路中、边桩坐标通用程序

1.1 程序计算线路中、边桩坐标技术概述

线路中、边桩坐标程序计算技术,是从事线路工程施工测量的工程师必须熟练掌握的一门很重要的技术。

线路工程施工全过程中,从开工到施工再到竣工,每一层面(路基、垫层、基层、路面层等)、每一分部(填方、挖方、涵洞、桥梁等),都要随着工程进度,进行大量的线形平面中、边桩坐标计算。现场施工测量工程师只有凭借着自己熟练的计算技术,准确、快速地计算出这些放样数据,才能满足现场平面点位放样的需要。

现代线路工程施工中,现场测量工程师对中、边桩坐标的计算方法各异,但归纳起来,常用的计算方法有下述四种:

(1)交点法程序计算;

(2)线元法程序计算;

(3)辛普森法程序计算;

(4)直线法程序计算。

对于设计单位提供了"直线、曲线及转角表"的线路,可选用交点法程序计算线路任意点的中、边桩坐标。

计算中,可选用单交点法计算一个交点控制范围内任意点的中、边桩坐标,也可选用多交点法计算全施工段范围内任意点的中、边桩坐标。

交点法程序计算的线路线形是由交点来控制的。其基本线形是:

直线段+缓和曲线段+圆曲线段+缓和曲线段+直线段+圆曲线段+直线段+……

其中,圆曲线两侧可设缓和曲线,也可不设缓和曲线;两侧的缓和曲线可相等,叫做对称曲线;也可不相等,叫做非对称曲线。

对于设计单位只提供了线元数据,而不提供"直线、曲线及转角表"的线路、例如匝道,可选用线元法或辛普森法程序计算线路上任意点的中、边桩坐标。

这种线路不是用交点来控制线形的,而是用线元段数据来控制的,即用线元段起、终点桩号、起、终点半径和线元段起点的切线方位角来控制的。

这种线路的线形由直线、缓和曲线、圆曲线三个基本单元线形组成。其中,缓和曲线可以是完整缓和曲线或不完整缓和曲线。

这种线路称为匝道,多用于山区高速公路和交通枢纽处的立体交叉。

另外,对于多个同向圆曲线的复曲线线路,也可选用线元法和辛普森法程序计算线路上任意点中、边桩坐标。

对于线路上的构造物,例如涵洞、桥梁等的中心轴线及轴线两侧基础点的坐标计算,可选用直线法程序。

一个称职的现场测量工程师,要想熟练且运用自如地计算线路任意线形上的任意点的中、边桩坐标,就应全部掌握上述四种程序计算方法技术。但是,实践证明,这是较困难的。一般情况下,多是遇到解决不了的难题后,临时求教求助的居多。那么,能否有一二个程序就能全部计算任意线形上任意点的中、边桩坐标呢?

作者在线路施工测量计算平面点位坐标实践中,经反复对上述四个程序应用及研究后,发现上述线元法或者辛普森法,只要用其中一个方法,就能计算任意线路上任意所求点的中、边桩坐标。使计算方法更为简化实用。

以下称这一技术方法为:通用程序计算任意线路中、边桩坐标技术

并将 CASIO fx-5800/9750 计算器简称为:fx-5800/9750

1.2 fx-5800/9750 计算任意线路中、边桩坐标的通用程序

1.2.1 任意线路单一线元坐标计算通用程序 I

(1)主程序

①文件名:XYTYJS1(XY 通用计算 1)

②程序清单

> 1. Lbl 0 ↵
>
> 2. "O"? →O:"U"? →U:"V"? →V:"G"? →G:
> "H"? →H:"P"? →P:"R"? →R:"Q"? →Q ↵
>
> 3. 1÷P→C ↵
>
> 4. (P−R)÷(2HPR)→D ↵

5. $180 \div \pi \rightarrow E$ ↵

6. Lbl 1 ↵

7. "S" ? $\rightarrow$ S : "Z" ? $\rightarrow$ Z : "I" ? $\rightarrow$ I : "J" ? $\rightarrow$ J ↵

8. If S≤0 : Then Goto 0 : Ifend ↵

9. AbS(S−O)→W ↵

10. Prog"XYZCX" ↵

11. "X＝" : X ▲

12. "Y＝" : Y ▲

13. "A＝" : A ▲

14. "B＝" : B ▲

15. "K＝" : K ▲

16. "L＝" : L ▲

17. Goto 1

程序中：O? ——线元段起点桩号；

U?，V? ——起点的 X、Y 坐标值；

G? ——起点的切线方位角；

H? ——线元段的起点至终点距离；

P? ——起点的半径；

R? ——终点的半径；

Q? ——控制线元转向条件：线路左转 Q 输入−1，右转 Q 输入正 1，直线输入 0；

S? ——线元段上任一点（所求点）的桩号；

Z? ——所求点 S 的左边距；

I? ——所求点 S 的右边距；

J? ——线路中线与 S 的边线之夹角，计算时，输入右正 J；

X＝、Y＝——所求点 S 的中桩坐标；

A＝、B＝——所求点 S 的右边桩坐标；

K＝、L＝——所求点 S 的左边桩坐标。

（2）子程序

①文件名，XYZCX（XY 子程序）

②程序清单

程序中符号意义同主程序。

1. 0.173 927 4226→A：0.326 072 5774→B：0.069 431 8442→K：0.330 009 4782→L↵

2. 1-L→F：1-K→M↵

3. U+W（A cos(G+QEKW(C+KWD))+B cos(G+QELW(C+LWD))+
     B cos(G+QEFW(C+FWD))+
     A cos(G+QEMW(C+MWD)))→X↵

4. V+W（A sin(G+QEKW(C+KWD))+
     B sin(G+QELW(C+LWD))+
     B sin(G+QEFW(C+FWD))+
     A sin(G+QEMW(C+MWD)))→Y↵

5. G+QEW(C+WD)→T↵

6. If T<0：Then T+360→T：Else If T≥360：Then T-360→T：Else T→T：IfEnd：IfEnd↵

7. "T="：T▶DMS◢

8. X+I cos(T+J)→A↵

9. Y+I sin(T+J)→B↵

10. X+Z cos(T+(-(180-J)))→K↵

11. Y+Z sin(T+(-(180-J)))→L

（3）程序功能及注意事项

本程序可计算线路任意线形,包括:

①基本型对称及非对称曲线;

②匝道完整缓和曲线及不完整缓和曲线、圆曲线、直线,卵形、U形、混合型;

③多个同向圆曲线,即复曲线;

④涵洞、桥梁中轴线及中轴线两侧的基础角点的:任意线元段上任意所求点的方位角及中、边桩坐标。

计算时应将线路分成各线元段,即直线段、缓和曲线段、圆曲线段。圆曲线两侧的缓和曲线可相等、对称,亦可不相等、不对称;可以是完整缓和曲线,也可以是不完整缓和曲线。

计算时各线元段的起算数据是:

①起点的里程桩号;

②起点的 X、Y 坐标;

③起点的切线方位角;

④计算段的长度；

⑤起点的半径；

⑥终点的半径；

⑦线路转向。

计算时应注意线路转向：

①线路右偏角，Q 输入正 1；线路左偏角，Q 输入负 1，线路为直线，Q 输入 0；

②判断线路转向方法：当线元段在起点切线右侧，为右偏，$Q=1$；线元段在起点切线左侧，为左偏，$Q=-1$；线元段为直线，$Q=0$。

计算时应特别注意线元段起点、终点的半径，通常情况下，可按下述方法输入线元段起点、终点的半径：

①当计算线元段为直线时，其起点、终点的半径 $P=R=\infty$，输入 $\times10^{45}$（按键 $\boxed{\times10^x}$ $\boxed{4}$ $\boxed{5}$）。

当直线一端是直线起点，另一端接圆曲线时，其起点半径 P 是无穷大 ∞，输入 $\times10^{45}$，终点半径 $R=$ 圆曲线的半径；

当直线两端都接圆曲线时，其起点半径＝终点半径＝∞。输入 $\times10^{45}$；

当直线起点接圆曲线，终点是缓和曲线起点，其半径 $P=$ 圆曲线半径，R 是无穷大 ∞，输入 $\times10^{45}$；

当直线起点接缓和曲线，而终点是直线时，其半径 $P=\infty$，$R=\infty$，输入 $\times10^{45}$；

当直线起点为直线点，终点接缓和曲线时，其半径 $P=R=\infty$，输入 $\times10^{45}$。

②当计算段为圆曲线时，其起点、终点半径 $P=R$ 等于圆曲线的半径。

③当计算段为完整缓和曲线时，起点与直线相接时，半径为无穷大 ∞，输入 $\times10^{45}$；与圆曲线相接时，半径等于圆曲线的半径。终点与直线相接时，半径为无穷大 ∞，输入 $\times10^{45}$；与圆曲线相接时，半径为圆曲线的半径。

④当计算段为不完整缓和曲线时，起点与直线相接时，半径等于设计规定的值，或通过计算求出半径（计算方法详见 1.3）；与圆曲线相接时，半径等于圆曲线的半径。止点与直线相接时，半径等于设计规定的值，或通过计算求得半径的值。与圆曲线相接，半径等于圆曲线的半径。

⑤两圆曲线间的缓和曲线的公切点的半径为无穷大 ∞，输入 $\times10^{45}$。

本程序只要知道一条线路的第一个线元段起点的切线方位角，便可计算出这条线路上任意所求点的切线方位角。如果在计算时，各线元段起点切线方位角未知，可用第 1 个线元段起点切线方位角为已知起算数据，逐次计算出所需线元段起点的切线方位角。此时只要将该线元段起点桩号作为前一线元段的终点的桩号输入程序，即可计算出该桩号的切线方位角。

注意：程序中显示的 $T=-\times\times°\times\times'\times\times''$ 即是所求点的切线方位角。

当一个线元段中所求点的坐标计算完成,需计算下一个线元段时,只要给 $S^?$ 输入小于零的数,例如输入-1,程序便会自动重新显示:$O^?$、$U^?$、$V^?$、$G^?$、$H^?$、$P^?$、$R^?$、$Q^?$,这时只要重新输入需计算的线元段的相关数据即可。不需重新搜寻文件名,这样可以连续计算下去,非常灵活方便。这是本程序的一大优点。

1.2.2 任意线路单一线元坐标计算通用程序 Ⅱ

(1)文件名:XYTYJS2(坐标通用计算 2)

(2)程序清单

---

1. Lbl　0 ↵

2. "A"? →A : "B"? →B : "F"? →F : "P"? →P :

　　"R"? →R : "C"? →C : "D"? →D ↵

3. Lbl　1 ↵

4. "H"? →H : "S"? →S : "L"? →L : "E"? →E ↵

5. If H<0 : Then Goto 0 : IfEnd ↵

6. (R−P)÷AbS(D−C)→G : AbS(H−C)→Q ↵

7. G×Q→I : P+I→T ↵

8. F+(I+2P)Q×90÷π→J ↵

9. If J<0 : Then J+360→J :

　　Else If J≥360 : Then J−360→J : Else J→J : IfEnd : IfEnd ↵

10. "J=" : J▶DMS ◣

11. F+(I÷4+2P)Q×45÷(2π)→M ↵

12. F+(3I÷4+2P)Q×135÷(2π)→N ↵

13. F+(I÷2+2P)Q×45÷π→K ↵

14. "X=" : A+Q÷12×(cosF+4(cosM+cosN)+2cosK+cosJ)→X ◣

15. "Y=" : B+Q÷12×(sinF+4(sinM+sinN)+2sinK+sinJ)→Y ◣

16. "W=" : X+Lcos(J+E)→W ◣

17. "Z=" : Y+Lsin(J+E)→Z ◣

18. "U=" : X+Scos(J+(−(180−E)))→U ◣

19. "V=" : Y+Ssin(J+(−(180−E)))→V ◣

20. Goto 1

程序中:$A^?$、$B^?$——线元段起点的 X、Y 坐标;

　　　　$F^?$——起点的切线方位角;

　　　　$P^?$——起点的曲率,即起点半径的倒数;

　　　　$R^?$——终点的曲率,即终点半径的倒数。

注意:输入 $P^?$、$R^?$ 值时,当转向为右,输入正曲率,当转向为左,输入负曲率。

$C^?$——线元起点的桩号；

$D^?$——线元终点的桩号；

$H^?$——线元段上所求点的桩号；

$L^?$——右边距；

$S^?$——左边距；

$E^?$——右夹角，输入正 E。

程序计算的结果：

J=——所求点的切线方位角；

X、Y=——所求点的中桩坐标；

W、Z=——右边桩的坐标；

U、V=——左边桩的坐标。

（3）程序的功能与注意事项

本程序的功能与注意事项与 XYTYJS1 相同，只是应注意：

①本程序的 $P^?$、$R^?$ 是线元起点、终点的曲率，输入时应输入起点、终点半径的倒数；当线路左偏，输入负曲率；右偏，输入正曲率。

②本程序的半径为无穷大时，其曲率输入零。

1.2.3 任意线路全线任意一点坐标计算通用程序——全线通任意线路坐标计算通用程序

前述 XYTYJS 程序，只能计算一个线元段上任意点的中、边桩坐标。现场计算时，每到一个线元段，都要重新输入该线元段的起算数据，操作较麻烦。为了解决这一问题，作者在实践中，经潜心研究，反复检验，成功研制出整条线路任意点中、边桩坐标计算程序，定名为全线通任意线路坐标计算通用程序。这个程序，只要事先一次性将整条线路各线元段的起算数据输入程序中的数据库，便可随机计算整条线路任意一点的中边桩坐标，非常方便、实用。以下作详细论述。

全线通任意线路坐标计算通用程序 I 如下。

（1）主程序

①文件名：XYQXTTS1（XY 全线通通算 1）

②程序清单

```
Lbl  0 ↵
"S"? →S："Z"? →Z："I"? →I："J"? →J ↵
If S>90789.797：Then 90789.797→O：6861.912→U：510071.2846
→V：142°08′15.3″→G：306.331→H：×10⁴⁵→P：×10⁴⁵→R：
```

0→Q：IfEnd：

If S＞91096.128：Then 91096.128→O：6620.068→U：510259.301

→V：142°08′15.3″→G：250.000→H：x10⁴⁵→P：910、→R：

1→Q：IfEnd：

If S＞91346.128：Then 91346.128→O：6416.052→U：51403.428

→V：150°00′28.4″→G：257.291→H：910→P：910→R：

1→Q：IfEnd：

If S＞91603.419：Then 91603.419→O：6178.110→U：510499.043

→V：166°12′27.2″→G：200.000→H：910→P：1670.→R：

1→Q：IfEnd：

If S＞91803.419：Then 91803.419→O：5980.520→U：510528.401

→V：175°56′04.8″→G：334.161→H：1670→P：1670→R：

1→Q：IfEnd：

If S＞92137.58：Then 92137.58→O：5647.058→U：510518.696

→V：187°23′57.7″→G：150.000→H：1670→P：1235→R

：1→Q：IfEnd：

If S＞92287.58：Then 92287.58→O：5499.532→U：510491.954

→V：193°27′07.3″→G：776.076→H：1235→P：1235→R：

1→Q：IfEnd：

If S＞93063.656：Then 93063.656→O：4848.335→U：510093.613

→V：229°27′24.4″→G：190.000→H：1235→P：×10⁴⁵→R：

1→Q：IfEnd↵

1÷P→C：(P－R)÷(2HPR)→D：180÷π→E↵

AbS(S－O)→W：Prog"XYQXTZCX"：

"X＝"：X▲

"Y＝"：Y▲

"A＝"：A▲

"B＝"：B▲

"K＝"：K▲

"L＝"：L▲

Goto 0

注意:本程序数据库线元段起算数据取用自 1.4.3 节中的表 1-6。

程序中:$S^?$——全线路上任一点(所求点)的桩号;

$Z^?$——所求点 S 的左边距;

$I^?$——所求点 S 的右边距;

$J^?$——线路中线与 S 的边线之夹角,计算时输入右正 J。

程序库中的 O、U、V、G、H、P、R、Q 是整条线路上任一线元段的起算数据,其含义同 1.2.2 节坐标通用计算 I"主程序"。

X,$Y=$——所求点 S 的中桩坐标;

A,$B=$——所求点 S 的右边桩坐标;

K,$L=$——所求点 S 的左边桩坐标。

(2)子程序

①文件名:XYQXTZCX(XY 全线通用子程序)

②程序清单

线元法全线通算的子程序的程序清单同 1.2.1 中坐标计算通用程序 I 的子程序。

(3)程序功能及注意事项

①本程序只要把任意线路的任一整条线路上各线元段要素,即各线元段起点的桩号 O、起点的 X 坐标 U 及 Y 坐标 V、起点的方位角 G、各线元段的计算长度 H、各线元段起点半径 P 及终点半径 R、各线元段的转向 Q,一次性输入本程序的数据库,便能随时随地、很方便地计算整条线路上任意所求点 S 的中、边桩坐标。

现场计算时,只要输入整条线路上任意所求点的桩号 S、左边距 Z、右边距 I、夹角 J,就能计算出任一点 S 的中、边桩坐标。

②使用本程序的关键是整条线路分线元段要正确,且事先要清楚、准确地确定各线元段的起算要素:O、U、V、G、H、P、R 和 Q。

③本程序数据库的数据必须输入正确无误。数据库输入技巧如下:

If 所求点桩号 S>线元段起点桩号 Q:

Then 线元段起点桩号→O:线元段起点 X 坐标→U:线元段起点 Y 坐标→V:线元段起点的方位角→G:线元段长度→H:线元段起点半径→P:线元段终点半径→R:线元段转向→Q:IfEnd:……逐次继续输入,从整条线路第 1 个线元段,逐次仿上输入,止最后一个线元段↵

全线通任意线路坐标计算通用程序 Ⅱ 如下。

①文件名:XYQXTTS2(XY 全线通通算 2)

②程序清单

1. Lbl　0↵

2. "H"? →H："S"? →S："L"? →L："E"? →E↵

3. If H>90789.797：Then 6861.912→A：510071.2846→B：142°08′15.3″→F：0.000→P：0.000→R：90789.797→C：

91096.128→D：IfEnd：

If H>91096.128：Then 6620.068→A：510259.301→B：142°08′15.3″→F：0.000→P：1÷910→R：91096.128→C：

91346.128→D：IfEnd：

If H>91346.128：Then 6416.052→A：51403.428→B：150°00′28.4″→F：1÷910→P：1÷910→R：91346.128→C：

91603.419→D：IfEnd：

……（逐次仿上输入）

If H>最后一个线元段的起点的桩号：

Then 该线元段起点的 X→A：该线元段起点的 Y→B：该线元段起点的方位角→F：该线元段起点半径的倒数→P：该线元段终点半径的倒数→R：该线元段起点的桩号→C：该线元段终点桩号→D：IfEnd↵

注意：以上为本程序的数据库,必须按整条线路线元段排序逐次输入,止最后一个线元段。本程序为了说明问题,只输了三个线元段,读者可用上述 XY 全线通通算 1(XYQXTTS1)程序数据库数据练习输入。

4. (R−P)÷Abs(D−C)→G↵

5. Abs(H−C)→Q↵

6. G×Q→I：P+I→T↵

7. F+(I+2P)Q×90÷π→J↵

8. If J<0：Then J+360→J：

Else If J≥360：Then J−360→J：

Else J→J：IfEnd：IfEnd↵

9. "J="：J▶DMS◢

10. F+(I÷4+2P)Q×45÷(2π)→M↵

11. F+(3I÷4+2P)Q×135÷(2π)→N↵

12. F+(I÷2+2P)Q×45÷π→K↵

13. "X="：A+Q÷12×(cosF+4(cosM+cosN)+2cosK+cosJ)→X◢

14. "Y="：B+Q÷12×(sinF+4(sinM+sinN)+2sinK+sinJ)→Y◢

15. "W="：X+Lcos(J+E)→W◢

16. "Z="：Y+Lsin(J+E)→Z◢

17. "U="：X+Scos(J+(−(180−E)))→U◢

18. "V="：Y+Ssin(J+(−(180−E)))→V◢

19. Goto 0

程序中:H? ——整条线路上任一所求点的桩号;

　　　　S? ——所求点 H 的左边距;

　　　　L? ——所求点 H 的右边距;

　　　　E? ——右夹角,输入+E。

　　程序库中的 A、B、F、P、R、C、D 是整条线路上任一线元段的起算数据,其含义同 1.2.2 中的坐标计算程序:XYTYJS2。

　　　　J= ——所求点 H 的方位角。

　X=、Y= ——所求点 H 的中桩坐标。

　W=、Z= ——所求点 H 右边桩坐标。

　U=、V= ——所求点 H 左边桩坐标。

　　③程序功能及注意事项

　　本程序功能与 XYQXTTS1 程序相同。

　　使用本程序时应注意,程序中的 P?、R? 是线元段起点、终点的曲率。输入时应输入起点、终点半径的倒数。

　　当半径为无穷大时,其曲率输入 0(零)。

　　当线路左偏,输入负曲率;右偏,输入正曲率。

1.3　线路坐标计算通用程序执行前的准备工作

1.3.1　将施工标段的线路线形分成线元段

　　线路线形的基本线元是直线线元、缓和曲线线元和圆曲线线元。

　　一条线路通常是几个施工队来完成的,每个施工标段长则几十千米、十几千米,短则数千米,但是不管是多长的施工标段都是由这三个基本线元组成的。

　　将施工标段的线路线形分成线元段,就是分成上述三个连续的线元段。分线元段时应注意以下几点:

　　(1)线元段的起点、终点非常重要,一定要判断正确,通常情况下,线元段的起点、终点是线路线形要素的主点:YZ(圆直)、ZH(直缓)、HY(缓圆)、YH(圆缓)、HZ(缓直)点。

　　(2)前一个线元段的终点,应是后一个线元段的起点,逐段连续分下去,不可跳过一个线元段。

　　(3)明确每个线元段的起点里程桩号及坐标和终点里程桩号及坐标。起点的桩号及坐标是线路通用程序的重要起算数据,切记要准确无误。

1.3.2 正确判断取用线元段起点半径和终点的半径

线元段起点、终点半径是线路坐标计算线路通用程序的起算要素之一，必须判断取用正确。

实践中，判断取用线元段起点、终点半径的规律如下。

（1）直线段线元的起点、终点半径

当直线线元起点为直线，终点为缓和曲线时，其起点半径＝终点半径＝∞（无穷大）。

当直线线元一端是直线起点，另一端接圆曲线时，其起点半径是无穷大∞，终点半径是圆曲线的半径。

当直线起点是圆曲线，终点是缓和曲线起点，其起点半径是圆曲线半径，终点半径是无穷大∞。

当直线两端都接圆曲线时，其起点半径＝终点半径＝∞。

当直线起点接缓和曲线，而终点是直线时其起点半径＝终点半径＝∞。

当直线起点是直线点，终点接缓和曲线时，其起点半径＝终点半径＝∞。

（2）圆曲线起点（ZY 或 HY）、终点（YZ 或 YH）的半径

当计算段为圆曲线时，其起点（ZY、或 HY）和终点（YZ 或 YH）的半径，就是圆曲线的半径。当两圆曲线相接于公切点（GQ）时，GQ 的半径是各自圆曲线的半径。

（3）缓和曲线起点、终点的半径

缓和曲线设在圆曲线两侧。圆曲线两侧的缓和曲线相等，叫做对称缓和曲线，不相等叫做非对称缓和曲线。

当缓和曲线起点或终点的半径，一端是无穷大，另一端是圆曲线的半径，叫做完整缓和曲线。

当缓和曲线起点或终点的半径，一端是圆曲线的半径，另一端的半径不是无穷大，而是小于无穷大，大于圆曲线的半径时，叫做不完整缓和曲线。

判断完整、不完整缓和曲线的公式是：

$$A^2 = R \times Ls \tag{1-1}$$

式中：A——回旋线参数，或叫缓和曲线参数；

R——缓和曲线所接圆曲线的半径；

Ls——该段缓和曲线的长度。

一般情况下，设计单位会提供上述 A、R、Ls 的数据。

当难以确定缓和曲线是完整或不完整时，可用设计单位提供的 R、Ls 核算 A 值，如果计算的 $A_计$ 等于设计的 $A_设$，则是完整缓和曲线，否则，是不完整的缓和曲线。

当要计算不完整缓和曲线那一端不是无穷大的半径时,可用式(1-2)计算:

$$R_大 = \left[(A^2 \times R_圆) \div (A^2 - R_圆 \times Ls) \right] \tag{1-2}$$

式中:$R_大$——不是无穷大一端的半径;

　　A——该不完整缓和曲线的参数,设计单位会提供;

　　$R_圆$——该不完整缓和曲线所接的圆曲线半径;

　　Ls——该不完整缓和曲线的长度。

实践中,可用下述规律直接判断缓和曲线两端的半径。

(1)当计算段为完整缓和曲线时,起点与直线相接时,半径为无穷大∞;与圆曲线相接时,半径等于圆曲线的半径。终点与直线相接时,半径等于无穷大∞;与圆曲线相接时,半径等于圆曲线的半径。

(2)当计算段为不完整缓和曲线时,起点与直线相接时,如果设计单位提供了半径值,可用设计值,否则用式(1-1)、式(1-2)两式计算;与圆曲线相接时,半径等于圆曲线的半径。

终点与直线相接时,半径值可用设计单位提供的值,没提供的用式(1-1)、式(1-2)两式计算;与圆曲线相接时,半径等于圆曲线的半径。

(3)两圆曲线间的缓和曲线,其公切点的半径为无穷大。

1.3.3　计算线元段起点的切线方位角与坐标

线元段起点的切线方位角及坐标,是线路坐标计算通用程序又一个很重要且必不可少的起算数据。通用程序执行前,施工标段每个线元段的起算方位角与坐标必须已知。

一般情况下,线路主线路设计单位会提供交点控制的曲线要素的主点的方位角与坐标,而匝道设计单位会提供匝道线位特征点的坐标及方位角,有的则只提供一条匝道线路起点的坐标及方位角。

当线元段起点切线方位角与坐标已知时,可直接取用这些已知数据。

当设计单位只提供整条线路的起点方位角时,可通过式(1-3)来计算出线路每个线元段的起点的切线方位角。

$$T = G + QEW(C + WD) \tag{1-3}$$

式中:T——所求线元段起点的方位角;

　　G——整条线路第1个线元段的起点切线方位角;

　　Q——线路转向条件:直线 $Q=0$,左转 $Q=-1$,右转 $Q=1$;

　　E——$180 \div \pi$;

　　W——所求点桩号减线元段起点桩号;

　　C——线元段起点曲率,即 $1 \div P$;

　　D——$D = (P-R) \div (2HPR)$,其中:P 为线元段起点半径,R 为线元段终

点半径、H 为线元段长度。

为了方便计算 T，可用下述 fx-5800/9750 程序计算：

(1)文件名：XLFWJJS（线路方位角计算）

(2)程序清单

```
1. Lbl 0 ↵
2. "O"? →O："N"? →N："P"? →P："R"? →R："G"? →G："Q"? →Q ↵
3. Lbl 1 ↵
4. "S"? →S ↵
5. If S<0：Then Goto 0：IfEnd ↵
6. N−O→H ↵
7. 180÷π→E ↵
8. 1÷P→C ↵
9. AbS(S−O)→W ↵
10. (P−R)÷(2HPR)→D ↵
11. G+QEW(C+WD)→T ↵
12. If T<0：Then T+360→T：
    Else If T≥360：Then T−360→T：
    Else T→T：IfEnd：IfEnd ↵
13. "T="：T▶DMS ◢
14. Goto 1
```

程序中：O? ——线元段起点桩号；

N? ——线元段终点桩号；

P? ——线元段起点半径（直线段半径输入$\times 10^{45}$）；

R? ——线元段终点半径（直线段半径输入$\times 10^{45}$）；

G? ——线元段起点的切线方位角；

Q? ——线路转向控制条件，左转 Q 输入 -1，右转，Q 输入 1，直线输入 0；

S? ——线元上所求点桩号；

T= ——S 点的切线方位角。

(3)程序功能及注意事项

①本程序可计算任意线路（主线路、匝道、同向圆曲线等）上任一所求点的切线方位角。

②程序执行前，应正确判断线路的转向；判断方法，详见 1.3.5 节。

③计算时应注意线元起点、终点半径的取用，半径取用方法，参见 1.3.2 节。

④程序执行中，给 S 输入小于 0 的数，例如 -1，程序自动重新从头开始执行。

在用通用程序计算线路坐标实践中,一般不需要单独先计算出线路中每个线元段起点的切线方位角,而是在通用程序执行中,利用整条线路第 1 个线元段的起点已知起算数据,便可计算出第 2 个线元段起点的方位角和坐标;然后用第 2 个线元段起点的已知起算数据,计算第 3 个线元段起点的方位角和坐标。由于前一个线元段的终点是后一个线元段的起点,所以这样可逐次算出任一所求点的方位角和坐标。

实践中在运用通用程序计算线路任一点坐标时,通常是先计算出终点(下一线元段的起点)的方位角与坐标,与设计单位提供的数据核对正确后,再回过来计算线元段任一点的坐标。这样可保证计算任一点坐标的正确性。

1.3.4 计算线元段的长度

每个线元段的长度,就是该线元段终点至起点的距离。可用式(1-4)计算:

$$H = 线元段终点桩号 - 线元段起点桩号 \qquad (1-4)$$

式中:H——线元段间的长度。

1.3.5 正确判断取用线路转弯方向

线路是左转还是右转,通常情况下,线路主线在用交点控制时,设计单位都会提供左(Z)转角,右(Y)转角。但是匝道线路的转向,设计单位却没提供,此时可按下述方法判断匝道线路的转向。

(1)面向法

站在线元段起点,面向线路前进方向,当线路转弯在右手侧,则该线路为左转弯;当线路转弯在左手侧,则该线路为右转弯。

(2)弦线法

用弦线把每个线元段的起点、终点连接起来,面向前进方向,当弦在曲线右侧,则该段曲线右转;当弦在曲线左侧,则该段曲线左转。即弦左左转,弦右右转。

1.3.6 草绘线路线元图或编制线路线元起算数据表

为了方便线路坐标计算通用程序执行时输入数据,不用错数据,应在线路平面点位放样前,把上述准备的数据,整理在施工标段线路线元草图上或施工标段线路线元起算数据表中。

施工标段线路直线、曲线及转角见表 1-1,施工标段线路线元草图,样图见图 1-1。

施工标段线路线元起算数据见表 1-2。

1)绘制线路线元图

绘制施工标段线路线元草图时,应参考本施工标段线路平面设计图和直线、曲线及转角表。

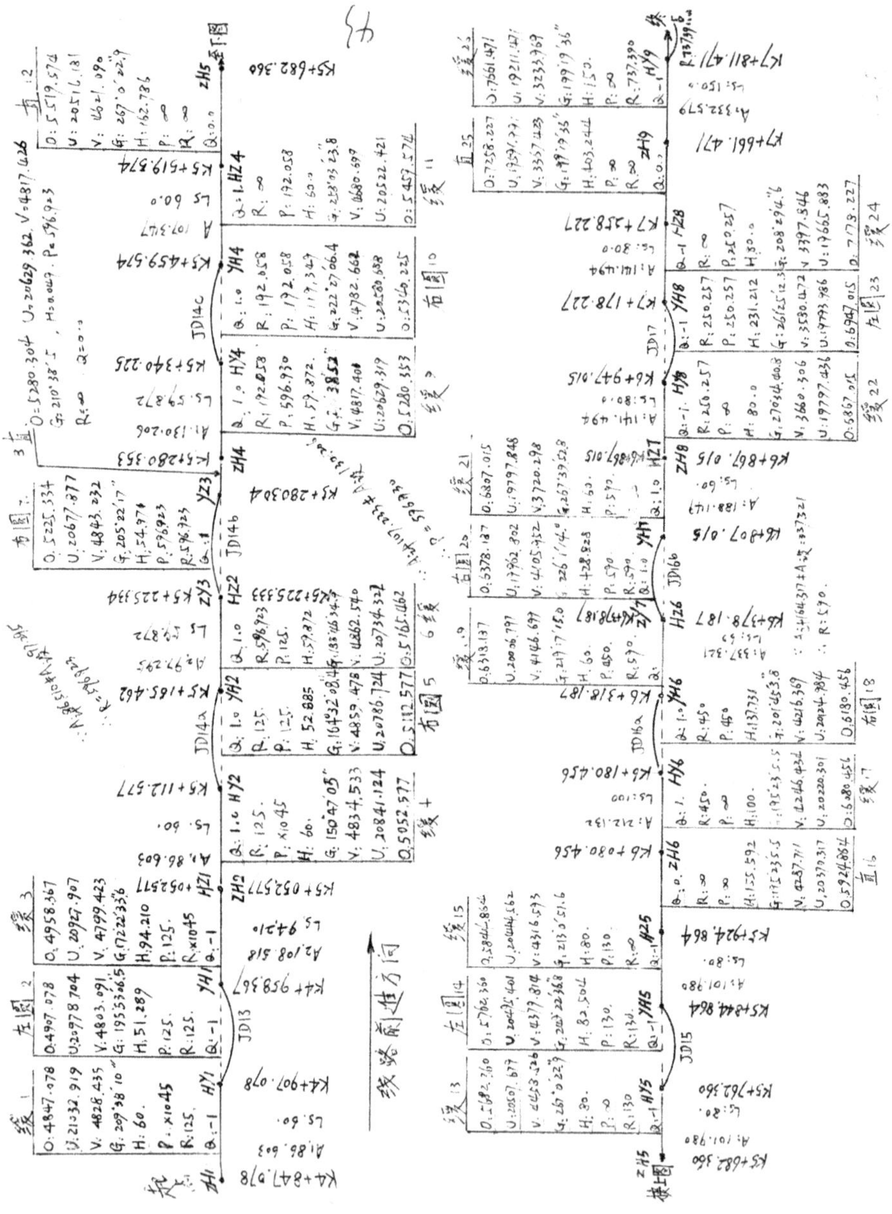

图 1-1 线路线元草图 (尺寸单位:m)

直线、曲线及转角

表 1-1

交点号	交点位置	交点间距(m)	计算方位角	曲线间直线长(m)	转角	切线长度 T1 / T2	半径 R1 / Ry / R2	回旋线参数 A1 / A2	曲线长度 Ls1 / Ly / Ls2	曲线总长	外距	第一回旋线起点	第一回旋线终点 HY或ZY 圆曲线起点	圆曲线中点	圆曲线终点 YZ或YH 第二回旋线起点	第二回旋线终点 HZ	备注
JD13	桩 K4+950.244 N 2920943.250 E 514777.421				左 58°51′5″	103.165 117.011	125.000	86.603 108.518	60.000 51.289 94.210	205.499	20.902	桩 K4+847.078 N 2921032.919 E 514828.435	桩 K4+907.078 N 2920978.704 E 514803.091	桩 K4+932.723 N 2920953.494 E 514798.642	桩 K4+958.367 N 2920927.907 E 514799.423	桩 K5+052.577 N 2920841.124 E 514834.533	坐标系:1954 年北京坐标系 中央子午线为 115°15′ 起点桩号:K0+000 终点桩号:K15+193.475 断链信息:K1+813.487=K1+820.000
		212.482	150°47′5″	0.000													
x1014a	桩 K5+148.049 N 2920757.797 E 514881.132				右 54°35′11″	95.471 88.452	125.000 596.923	86.603 97.295	60.000 52.884 59.872	172.756	17.196	桩 K5+052.577 N 2920841.124 E 514834.533	桩 K5+112.577 N 2920786.724 E 514859.478	桩 K5+139.020 N 2920760.686 E 514883.791	桩 K5+165.462 N 2920734.322 E 514862.540	桩 K5+225.334 N 2920677.876 E 514843.232	
		115.956	205°22′17″	0.000													
x1014b	桩 K5+252.838 N 2920653.025 E 514831.447				右 5°16′35″	27.505 27.505	596.923		54.971	54.971	0.633	桩 N E	桩 K5+225.333 N 2920677.877 E 514843.232	桩 K5+252.818 N 2920653.322 E 514830.888	桩 K5+280.304 N 2920629.362 E 514817.426	桩 N E	
		150.952	210°38′52″	0.000													
x1014c	桩 K5+403.751 N 2920523.158 E 514754.498				右 56°21′31″	123.398 133.590	596.923 192.058	130.206 107.347	59.872 119.348 60.000	239.220	26.854	桩 K5+280.353 N 2920629.319 E 514517.401	桩 K5+340.225 N 2920580.688 E 514782.662	桩 K5+399.899 N 2920543.570 E 514736.243	桩 K5+459.574 N 2920522.421 E 514680.699	桩 K5+519.574 N 2920516.181 E 514621.090	
		431.522	267°0′22″	162.786													
JD15	桩 K5+817.505 N 2920500.620 E 514323.565				左 71°37′18″	135.145 135.145	130.000	101.980 101.980	80.000 82.504 80.000	242.504	32.826	桩 K5+682.360 N 2920507.679 E 514458.526	桩 K5+762.360 N 2920495.401 E 514379.814	桩 K5+803.612 N 2920475.039 E 514344.136	桩 K5+844.864 N 2920444.562 E 514316.593	桩 K5+924.864 N 2920370.317 E 514287.711	
		462.921	195°23′4″	155.592													
xJD16a	桩 K6+252.639 N 2920054.287 E 514200.754				右 30°38′8″	172.183 131.745	450.000 590.000	212.132 337.321	100.000 137.731 60.000	297.731	17.191	桩 K6+080.456 N 2920220.301 E 514246.434	桩 K6+180.456 N 2920124.984 E 514216.369	桩 K6+249.321 N 2920063.220 E 514186.064	桩 K6+318.187 N 2920006.797 E 514146.699	桩 K6+378.187 N 2919962.802 E 514105.952	
		373.828	226°1′13″	0.000													

线形	线元名称 起点~止点	线元桩号 起点(O)~止点(m)	起点坐标 X(U)(m)	起点坐标 Y(V)(m)	起点方位角 G	线元长度 H(m)	起点半径 P(m)	终点半径 R(m)	转角 Q
缓1	ZH1~HY1	K4+847.078~K4+907.078	21032.919	4828.435	209°38'10"	60.000	∞	125.000	-1
圆2	HY1~YH1	K4+907.078~K4+958.367	20978.704	4803.091	195°53'06.5"	51.289	125.000	125.000	-1
缓3	YH1~HZ1	K4+958.367~K5+052.577	20927.907	4799.423	172°22'33.6"	94.210	125.000	∞	-1
缓4	ZH2~HY2	K5+052.577~K5+112.577	20841.124	4834.533	150°47'05"	60.00	∞	125.000	1.0
圆5	HY2~YH2	K5+112.577~K5+165.462	20786.724	4859.478	164°32'084"	52.885	125.000	125.000	1.0
缓6	YH2~HZ2	K5+165.462~K5+225.333	20734.322	4862.540	188°46'34.9"	59.872	125 000	596.923	1.0
圆7	ZY3~YZ3	K5+225.334~K5+280.304	20677.877	4843.232	205°22'17"	54.971	596.923	596.923	1.0
直8	YZ3~ZH4	K5+280.304~K5+280.353	20629.362	4817.426	210°38'52"	0.049	596.923	∞	0.0
缓9	ZH4~HY4	K5+280.353~K5+340.225	20629.319	4817.401	210°38'52"	59.872	596.30	192.058	1.0
圆10	HY4~YH4	K5+340.225~K5+459.574	20580.688	4782.662	222°27'06"	119.349	192.058	192.058	1.0
缓11	YH4~HZ4	K5+459.574~K5+519.574	20522.421	4680.699	258°03'23.8"	60.000	192.058	∞	1.0
直12	HZ4~ZH5	K5+519.574~K5+682.360	20516.181	4621.090	267°0'22.9"	162.786	∞	∞	0.0
缓13	ZH5~HY5	K5+682.360~K5+762.360	20507.679	4458.526	267°0'22.9"	80.000	∞	130.000	-1.0
圆14	HY5~YH5	K5+762360~K5+844.864	20495.401	4379.814	249°22'.36.8'	82.504	130.000	130.000	-1.0
缓15	YH5~HZS	K5+844.864~K5+924.864	20444.562	4316.593	213°.0'51.6"	80.000	130.000	∞	-1.0

线形	线元名称 起点～止点	线元桩号 起点(O)～止点(m)	起 点 坐 标 X(U) (m)	Y(V) (m)	起点方位角 G	线元长度 H (m)	起点半径 P (m)	终点半径 R (m)	转角 Q
直16	H25～ZH6	K5+924.864～K6+080.456	20370.317	4287.711	195°23′5.5″	155.592	∞	∞	0.0
缓17	ZH6～HY6	K6+080.456～K6+180.456	20220.301	4246.434	195°23′5.5″	100.000	∞	450.000	1.0
圆18	HY6～YH6	K6+180.456～K6+318.187	20124.984	4216.369	201°45′3.8″	137.731	450.000	450.000	1.0
缓19	YH6～HZ6	K6+318.187～K6+378.187	20006.797	4146.699	219°17′15.0″	60.000	450.000	590.000	1.0
圆20	ZY7～YZ7	K6+378.187～K6+807.015	19962.802	4105.952	226°01′14″	428.828	590.000	590.000	1.0
缓21	YH7～HZ7	K6+807.015～K6+867.015	19797.848	3720.298	267°39′52.8″	60.000	590.000	∞	1.0
缓22	ZH8～HY8	K6+867.015～K6+947.015	19797.436	3660.306	270°34′41″	80.000	∞	250.257	−1.0
圆23	HY8～YH8	K6+947.015～K7+178.227	19793.986	3580.472	261°25′12″	231.212	250.257	250.257	−1.0
缓24	YH8～HZ8	K7+178.227～K7+258.227	19665.883	3397.846	208°29′04.6″	80.000	250.257	∞	−1.0
直25	H28～ZH9	K7+258.227～K7+661.471	19591.991	3367.423	199°19′36″	403.244	∞	∞	0.0
缓26	ZH9～KY9	K7+661.471～K7+811.471	19211.471	3233.969	199°19′36″	150.000	∞	737.390	−1.0

注:1. 表中用通用程序计算的方位角,坐标,以设计单位提供的"直线曲线及转角表"为准,其中坐标比较相差1～2mm,这是由于方位角取位问题造成的。

2. 表中"∞"表示无穷大,$fx-5800$ 输入时按 $\boxed{×10^x}$、$\boxed{4}$、$\boxed{5}$ 键,显示 ×10⁴⁵。$fx9750$ 输入时按 $\boxed{EXP}$、$\boxed{4}$、$\boxed{5}$ 键,显示 E45。

图 1-1 是石吉高速公路江西境内兴国互通Ⅱ标施工标段线路线元平面草图。该标段起点是 K4＋847.078，终点是 K7＋811.471。全长 2964.393m，26 个线元段、8 个交点，其中 JD14a、JD14b、JD14c，是三个同向圆曲线；JD16a 与 JD16b 是两个同向圆曲线。整条线路由两侧带缓和曲线的圆曲线及缓和曲线间的直线组成。

在编制各线元段起算数据时应注意，圆曲线两侧的缓和曲线有下述几种情况：

(1)圆曲线两侧的缓和曲线是完整对称缓和曲线。例如：

左圆 14，前 L_s＝后 L_s＝80，前 A＝后 A＝101.980；左圆 23，前 Ls＝后 Ls＝80，前 A＝后 A＝141.494。

(2)圆曲线两侧的缓和曲线是完整非对称缓和曲线。例如：

左圆 2，前 $Ls60\neq$后 $Ls94.210$，但 A 的计算值等于 A 的设计值：$A_计 86.603＝A_设 86.603$，$A_计 108.518＝A_设 108.518$。

注意：上述两种情况的缓和曲线的半径一端是无穷大，另一端是圆曲线的半径。

(3)圆曲线两侧的缓和曲线非对称，且一边是完整的，而另一边是不完整缓和曲线。例如：

右圆 5，前 $Ls60\neq$后 $Ls59.872$，但前 $A_计 86.603＝A_设 86.603$，是完整缓和曲线，而后 $A_计 86.510\neq A_设 97.295$ 是不完整缓和曲线。

右圆 10，前 $Ls59.872\neq$后 $Ls60$，前 $A_计 107.233\neq A_设 130.260$，是不完整缓和曲线，而后 $A_计 107.347＝A_设 107.347$ 是完整缓和曲线。

右圆 18，前 $Ls100\neq Ls60$；但前 $A_计 212.132＝A_设 212.132$ 是完整缓和曲线，而后 $A_计 164.317\neq A_设 337.321$ 是不完整缓和曲线。

注意：象右圆 5，右圆 10，右圆 18 这三种缓和曲线的情况，其完整不对称的、半径一端是无穷大，一端是圆曲线半径。其不完整不对称的，接圆曲线那一端的半径就是圆曲线半径，而另一端的半径，要用公式(1-2)计算得出。例如右圆 5 后缓和曲线圆曲线一端半径是 $P＝125$，另一端用公式(1-2)计算得 $R＝596.923$。

右圆 10 前缓和曲线接圆曲线一端半径是 $R＝192.058$，另一端用公式(1-2)计算得 $P＝596.930$。

右圆 18 后缓和曲线接圆曲线一端半径是 $P＝450$，另一端用公式(1-2)计算得 $R＝590$。

(4)圆曲线一侧不带缓和曲线，另一侧带缓和曲线或是直线。例如：

①右圆 7 前缓和曲线等于零，后缓和曲线是直线。则接圆曲线一端半径等于圆曲线的半径 $P＝596.923$，另一端是直线半径是∞。

右圆 20 前缓和曲线等零,后缓和曲线是公切点。则接圆曲线一端的半径等于圆曲线半径 $P=590$,另一端公切点 K6+867.015 半径为∞。

②直线在两缓和曲线之间,例如:直 12,直 16 和直 25。这种情况两端半径是∞。

(5)本施工标段第一线元段起点 K4+847.078 的切线方位角,在上一标段的图纸上。本标段直线、曲线及转角表只提供了第 4 线元段(K5+052.577～K5+112.577)起点 ZH2 K5+052.577 的切线方位角:150°47′04.8″(表 1-1 中设计提供的是 150°47′5″)。在这样情况下可用下述方法计算第 1 线元段的起点 K4+847.078 的切线方位角:

①用式(1-5)计算。

前缓和曲线起点 ZH 的方位角＝后缓和曲线点 HZ 的方位角∓

$$线路转向角 N \tag{1-5}$$

式中右转角用减号,左转向角用加号。

本例中 JD13 左转 58°51′05″,所以前缓和曲线起点 ZH1 的方位角 F_{ZH1}:

$$F_{ZH1}=F_{HZ}+N=150°47′05″+58°51′05″=209°38′10″ \tag{1-6}$$

②把第 4 线元段看作第 1 线元段,用 ZH2(即 HZ1)的方位角 150°47′05″为起算数据,用通用程序或方位角计算程序反方向算出第 1 线元起点 ZH1 的切线方位角。

用通用程序计算任意线路上任意点的中、边桩坐标,整条线路的第 1 线元段的起点的切线方位角非常重要。但是,算例中常会遇到该点方位角未知的情况,此时,应设法求出该点的方位角。

2)编制线路线元起算数据表

编制的线路线元起算数据表应包含如下信息(表 1-2):

(1)线元段名称。

(2)线元段起、止点桩号。

(3)线元段起点坐标。

(4)线元段起点切线方位角。

(5)线元段长度。

(6)线元段起点半径。

(7)线元段终点半径。

(8)线元转向。

注意:表中英字母符号应与通用程序的英字母符号一致,这样现场输入时非常方便。

1.4 坐标计算通用程序计算任意线路上任意一点中、边桩坐标实操案例

1.4.1 坐标计算通用程序计算线路主线上任意一点中、边桩坐标实操案例

1)案例

本案例是泉州至南宁国家高速公路江西境内石城至吉安段兴国连接线Ⅱ标路基坐标计算。

Ⅱ标施工段起点 K4+847.078,终点 K7+811.471,全长 2964.393m。全线由8个交点控制,8个圆曲线两侧的缓和曲线多是不对称且不完整的缓和曲线。这种线形上的点位坐标,不能用交点法程序来计算,而要选用通用程序来计算。

该标段的线路线形平面图见图 1-1,设计单位提供的直线、曲线及转角见表 1-1,路基宽 14.00m,左幅宽 7.0m,右幅宽 7.0m。

2)程序执行的操作方法步骤

(1)准备线路线元段起算数据详见图 1-1 和表 1-2。

(2)程序执行(用 fx-9750)。

计算结果见表 1-3。

石吉高速公路兴国连接线Ⅱ标路基坐标计算　　　　　表 1-3

线元号	桩号	左 边 桩		中~边距离(m)	中 桩		中~边距离(m)	右 边 桩	
		X(m)	Y(m)		X(m)	Y(m)		X(m)	Y(m)
1	K4+880	21000.914	4819.171	7.0	21003.927	4812.853	7.0	21006.940	4806.535
2	K4+920	20964.904	4897.097	7.0	20966.115	4800.202	7.0	20967.326	4793.308
3	K5+020	20872.927	4825.320	7.0	20869.790	4819.063	7.0	20866.652	4812.806
4	K5+100	20801.137	4862.114	7.0	20798.672	4855.563	7.0	20796.206	4849.011
5	K5+140	20760.060	4870.835	7.0	20759.706	4863.840	7.0	20759.353	4856.853
6	K5+200	20698.594	4859.869	7.0	20701.102	4853.334	7.0	20703.610	4846.799
7	K5+260	20643.642	4833.617	7.0	20647.003	4827.477	7.0	20650.365	4821.337
8	K5+280.353	20625.752	4823.423	7.0	20629.320	4817.401	7.0	20632.888	4811.379
9	K5+300	20608.793	4812.905	7.0	20612.624	4807.046	7.0	20616.455	4801.188
10	K5+400	20537.440	4739.626	7.0	20543.520	4736.156	7.0	20549.599	4732.686
11	K5+480	20512.192	4661.384	7.0	20519.141	4660.545	7.0	20526.091	4659.705
12	K5+600	20504.990	4541.139	7.0	20511.981	4540.774	7.0	20518.971	4540.408
13	K5+720	20497.912	4421.840	7.0	20504.861	4420.999	7.0	20511.810	4420.159

线元号	桩号	左 边 桩		中~边 距离(m)	中 桩		中~边 距离(m)	右 边 桩	
		X(m)	Y(m)		X(m)	Y(m)		X(m)	Y(m)
14	K5+800	20471.689	4351.216	7.0	20477.264	4346.982	7.0	20482.838	4342.749
15	K5+880	20410.650	4307.535	7.0	20413.150	4300.997	7.0	20415.651	4294.459
16	K6+000	20296.016	4274.526	7.0	20297.873	4267.777	7.0	20299.731	4261.028
17	K6+120	20180.262	4242.438	7.0	20182.236	4235.722	7.0	20184.210	4229.007
18	K6+260	20050.389	4186.477	7.0	20054.086	4180.533	7.0	20057.783	4174.588
19	K6+340	19985.567	4137.701	7.0	19990.245	4132.494	7.0	19994.924	4127.288
20	K6+620	19828.154	3905.297	7.0	19834.711	3902.846	7.0	19841.268	3900.395
21	K6+840	19790.257	3687.322	7.0	19797.257	3687.321	7.0	19804.257	3687.319
22	K6+900	19790.471	3627.442	7.0	19797.470	3627.322	7.0	19804.469	3627.203
23	K7+060	19747.130	3480.209	7.0	19752.902	3476.249	7.0	19758.675	3472.290
24	K7+220	19625.350	3387.028	7.0	19627.906	3380.511	7.0	19630.462	3373.994
25	K7+420	19437.018	3320.489	7.0	19439.334	3313.884	7.0	19441.651	3307.278
26	K7+740	19135.000	3215.338	7.0	19137.132	3208.670	7.0	19139.263	3202.003

注:为简要说明问题,本案例每一个线元段只计算了一个横断面的中、边桩坐标。

①按 AC 键,开机;

②按 MENU 1 键,清除上次关机时屏幕上保留的内容;

③按 MENU 9 ▼ ▲ 键,搜寻文件名:XYTYJS1;

④按 EXE 键,显示:O?,输入第1线元起点桩号,4847.078;

⑤按 EXE 键,显示:U?,输入起点 X 坐标:21032.919;

⑥按 EXE 键,显示:V?,输入起点 Y 坐标:4828.435;

⑦按 EXE 键,显示 G?,输入起点方位角:209°38′10″;

⑧按 EXE 键,显示 H?,输入第1线元段长度:60.000;

⑨按 EXE 键,显示:P?,输入起点半径:∞＝E45;

⑩按 EXE 键,显示 R?,输入终点半径:125.000;

⑪按 EXE 键,显示 Q?,输入线元转向:－1。

至此,第1线元段的起算数据输入完成,随后即可逐桩计算第1线元段上所求点的中边桩坐标。但是为了保证计算正确,通常情况下,先计算终点(即第2线元的起点)的坐标及方位角,与已知的终点坐标及方位角比较,待确认正确后,

再回过来计算线元上所求点的坐标。例如:校核终点 K4+907.078:

⑫按 EXE 键,显示 S?,输入终点桩号,4907.078;

⑬按 EXE 键,显示:I?,不计算边桩,输入 0;

⑭按 EXE 键,显示:Z? 不计算边桩,输入 0;

⑮按 EXE 键,显示:J?,不计算边桩,输入 0;

⑯按 EXE 键,显示:$T=195°53'06.45''$(此为终点即下一线元的起点的方位角,与已知方位角比较,其值相等);

⑰按 EXE 键,显示:$X=20978.704$; } 此为终点即下一线起点的坐标与已知
⑱按 EXE 键,显示:$Y=4803.091$; } 坐标比较,结果相等;

⑲按 EXE 键,显示:$A=20978.704$;
⑳按 EXE 键,显示:$B=4803.091$; } 此为左、右、边桩坐标,核算终点时,不
㉑按 EXE 键,显示:$K=20978.704$; } 计算边桩,所以其值等于中桩坐标。
㉒按 EXE 键,显示:$L=4803.091$。

此时,终点(即下一线元段的起点)的方位角及坐标校核计算完成。下面可放心地计算第 1 线元段任一所求点的中、边桩坐标,例如计算 K4+880:

以下重复⑫～㉒步操作,按 EXE 键,按屏幕提示输入:

S? 输入所求点桩号:4880;

I? 输入右边距:7.000;

Z? 输入左边距:7.000;

J? 输入右夹角:90。

显示:$T=205°29'45.''88$(此为 K4+880 的方位角)

$X=21003.927$
$Y=4812.853$ }(此为 K4+880 中桩坐标)

$A=21006.940$
$B=4806.535$ }(此为 K4+880 右边桩坐标)

$K=21000.914$
$L=4819.171$ }(此为 K4+880 左边桩坐标)

当第 1 线元段上所求点 K4+860、K4+900 各点的中、边桩坐标计算完成后,要计算第 2 线元段时,只要给 S? 输入小于零的数,例如-1,程序会从头重新显示:O?、U?、V?、G?、H?、P?、R?、Q?,此时只要输入第 2 线元段的相关数据即可。以下仿上操作。

1.4.2 坐标计算通用程序计算匝道上任意一点中边桩坐标实操案例

1)案例

本案例是江西省德兴至南昌高速公路新建工程第 B4 合同段一条 U 形转弯立交匝道。图 1-2 是该匝道线形数据图,图中 A—A 表是该匝道线路上主要点位的坐标,以及两相邻主要点位间交点的坐标。

2)程序执行的操作方法步骤

(1)分析设计图表

分析图 1-2 知,该 U 形匝道由 4 个圆曲线、3 个缓和曲线和一个直线组成。

图 1-2 中,设计单位没有注写线路上主点桩号。为了方便分线元段,现将主点桩号写在其旁,并用弦线将相邻点位连接起来,这样可方便判断线形转向。

图中设计单位没有提供线路起点以及各主点的切线方位角,但却提供了两相邻点间交点的坐标,这就为计算各主点的方位角提供了条件。

(2)分线元段,准备起算数据

①分线元段,判断转向,并计算线元段长度

由图 1-2 知,这条 U 形匝道可分成下述 8 个线元段:

K0+000～K0+164.176,圆曲线段,半径=3092.625,右转向,线元长度:164.176m;

K0+164.176～K0+291.672,缓和曲线段,缓和曲线参数 $A=500$,右转向,线元长度:127.496m;

K0+291.672～K0+449.284,圆曲线段,半径=1200,右转向,线元长度157.612m;

K0+449.284～K0+511.784,缓和曲线段,缓和曲线参数 $A=50$,左转向,线元长度:62.50m;

K0+511.784～K0+586.624,圆曲线段,半径=40,左转向,线元长度:74.840m;

K0+586.624～K0+649.124,缓和曲线段,缓和曲线参数 $A=50$,左转向,线元长度 62.50m;

K0+649.124～K0+918.899,直线段,半径=∞,转向=0.0,线元长度269.775m;

K0+918.899～K1+003.754,圆曲线段,半径=3500,右转向,线元长度:84.855m。

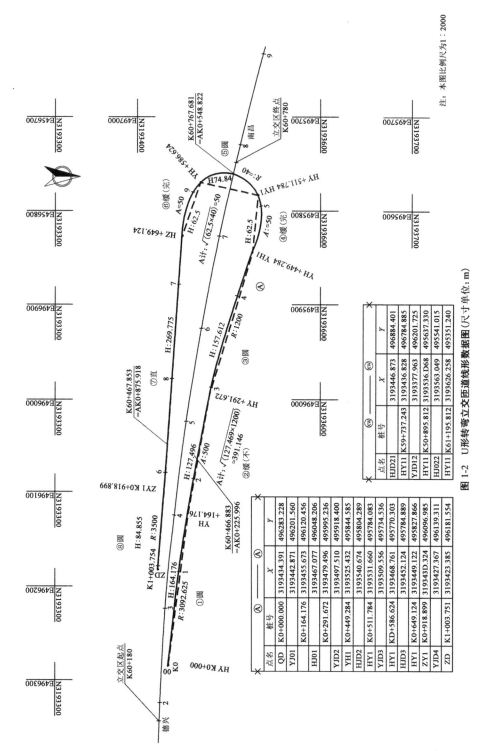

图 1-2 U形转弯立面直道线形数据图 (尺寸单位: m)

注: 本图比例尺为1:2000

点名	桩号	Ⓐ	
		X	Y
QD	K0+000.000	3193434.391	496283.228
YJ01	K0+164.176	3193442.871	496201.560
HJ01	K0+164.176	3193455.673	496120.456
	K0+291.672	3193467.077	496048.206
YJD2	K0+291.672	3193479.496	495995.236
YH1	K0+449.284	3193497.510	495918.400
HJD2	K0+449.284	3193525.432	495844.585
HY1	K0+511.784	3193540.674	495804.289
YJD3	K0+511.784	3193531.660	495734.536
HY1	KD+586.624	3193509.556	495770.303
HJD3	KD+586.624	3193468.761	495784.889
HY1	K0+649.124	3193452.124	495827.866
ZY1	K0+918.899	319343D.324	496096.985
YJD4	K0+918.899	3193427.367	496139.311
ZD	K1+003.751	3193423.385	496181.554

点名	桩号	Ⓐ	
		X(直)	Y
HJD2I	K59+737.243	3193446.873	496884.401
HY11	K59+737.243	3193436.828	496784.885
YJD12		3193377.963	496201.725
HY11	K50+895.812	3193536.D68	495637.330
HJ022		3193563.049	495541.015
HY11	K61+195.812	3193626.258	495351.240

②判断缓和曲线的性质,确定其两端点的半径

第②缓和曲线,$A=500$,计算 $A_{计}=\sqrt{(1200\times(291.672-164.176))}=391.1$,$A_{设}$ 500$\neq A_{计}$ 391.1,所以,此段缓和曲线为不完整缓和曲线。因此,该缓和曲线接圆曲线一端半径是1200,另一端半径计算得:

$$R=((500^2\times1200)\div(500^2-1200\times(291.672-164.176)))=3092.630$$

注意:设计单位提供的是 3092.625,较差 5mm,经与设计单位联系,取用 3092.625。

第④与⑥缓和曲线,$A=50$,计算得 $A_{计}=\sqrt{(40\times62.5)}=50$,$A_{设}$ 50$=A_{计}$ 50,所以该两端缓和曲线是完整且对称的缓和曲线。因此,该两段缓和曲线接圆曲线一端半径是 40.000,另一端半径为无穷大。

③计算各线元段起点方位角

本案例设计单位没有提供线元段起点切线方位角,但是却提供了每个线元段交点的坐标,例如 YJD1~YJD4 是圆曲线的交点,HJD1~HJD3 是缓和曲线段的交点。这样就可利用线元段起点的坐标与交点的坐标,利用 fx-5800/9750 坐标反算程序计算出起点切线的方位角。

例如:第 1 线元的起点 K0+000 的 $X=3434.391$,$Y=6283.228$;交点 YJD1 的 $X=3442.871$,$Y=6201.560$,计算得 K0+000 的切线方位角$=275°55'41.04''$。

同理,可计算出其余各线元段起点的方位角。

另外,可在通用程序执行过程中,逐一验算各线元段起点的方位角。

④编制 U 形匝道线元起算数据表

经过上述准备,本案例 U 形匝道的起算数据基本确定,并计算出了相应数据。为了方便现场放样时取用数据,可将其编制成 U 形匝道线元起算数据表,详见表 1-4。

(3)程序执行操作方法步骤(采用 fx-9750 计算器)

本案例核算设计单位提供的逐桩坐标表。计算结果见表 1-5。由于设计单位没有提供边桩坐标,所以只核算中桩坐标。

①按 AC 键,开机。

②按 MENU 1 键,清除上次关机时屏幕上保留的内容。

③按 MENC 9 ▼ ▲ 键,搜寻文件名,XYTYJS1。

④按 EXE 键,按照屏幕提示输入(以第⑤线元为例):

O? 输入第⑤线元段起点桩号,511.784;

U? 输入+511.784 的 $X=3531.660$;

表 1-4

德兴至南昌高速公路 **B4** 段 **U** 形匝道起算数据

线形编号	线元名称 起~止	线元桩号 起点(O)~终点 (m)	起点坐标 X(U) (m)	起点坐标 Y(V) (m)	起点方位角 G	线元长度 H (m)	起点半径 P (m)	终点半径 R (m)	转向 Q
圆1	HY~YH	K0+000~ K0+164.176	3434.391	6283.228	275°55′41″	164.176	3092.625	3092.625	1
缓2	YH~HY	K+164.176~ K0+291.672	3455.673	6120.456	278°58′11″	127.496	3092.625	1200	1
圆3	HY~YH	K0+291.672~ K0+449.284	3479.496	5995.236	283°11′42″	157.612	1200	1200	1
缓4	YH~HY	K0+449.284~ K0+511.784	3525.432	5844.585	290°43′09″	62.5	∞	40	−1
圆5	HY~YH	K0+511.784~ K0+586.624	3531.660	5784.083	245°57′27″	74.840	40	40	−1
缓6	YH~HZ	K0+586.624~ K0+649.124	3468.761	5770.303	138°45′30″	62.50	40	∞	−1
直7	HZ~ZY	K0+649.124~ K0+918.899	3449.122	5827.866	93°59′44″	269.775	∞	3500	0
圆8	ZY~终点	K0+918.899~ K1+003.754	3430.324	6096.985	93°59′44″	84.855	3500	3500	1
	终点	K1+003.754	3423.385	6181.554					

注:1.本案例采用 XYTYJS1 程序,半径无穷大时输入×1045。

2.采用 XYTYJS2 程序时,半径应输入曲率 1/P,1/R,且右正,左负;半径无穷大时,输入 0.000。

U形转弯立交逐桩坐标

表1-5

桩 号	坐 标 X	标 Y	桩 号	坐 标 X	标 Y	桩 号	坐 标 X	标 Y	桩 号	坐 标 X	标 Y
K67+500	3194679.075	489185.050	AK0+000	3193434.391	496283.228	AK0+290	3193479.115	495996.864	AK0+560	3193492.963	495760.439
K67+510	3194678.943	489175.051	AK0+010	3193435.440	496273.283	AK0+291.672	3193479.496	495995.236	AK0+570	3193483.149	495762.216
K67+520	3194678.810	489165.052	AK0+020	3193436.521	496263.342	AK0+300	3193481.425	495987.134	AK0+580	3193474.079	495766.367
K67+530	3194678.678	489155.053	AK0+030	3193437.634	496253.404	AK0+310	3193483.815	495977.424	AK0+586.624	3193468.761	495770.303
K67+540	3194678.545	489145.054	AK0+040	3193438.779	496243.470	AK0+320	3193486.287	495967.735	AK0+590	3193466.317	495772.631
K67+540.070	3194678.544	489144.984	AK0+050	3193439.957	496233.539	AK0+330	3193488.839	495958.066	AK0+600	3193460.219	495780.532
K67+550	3194678.424	489135.055	AK0+060	3193441.166	496223.613	AK0+340	3193491.472	495948.419	AK0+610	3193455.779	495789.477
K67+560	3194678.325	489125.055	AK0+070	3193442.408	496213.690	AK0+350	3193494.184	495938.794	AK0+620	3193452.785	495799.011
K67+570	3194678.249	489115.055	AK0+080	3193443.682	496203.772	AK0+360	3193496.977	495929.192	AK0+630	3193450.919	495808.831
K67+580	3194678.196	489105.055	AK0+090	3193444.987	496193.857	AK0+370	3193499.850	495919.613	AK0+640	3193449.808	495818.768
K67+590	3194678.165	489095.055	AK0+100	3193446.325	496183.947	AK0+380	3193502.803	495910.059	AK0+649.124	3193449.122	495827.866
K67+600	3194678.158	489085.055	AK0+110	3193447.695	496174.041	AK0+390	3193505.835	495900.530	AK0+650	3193449.061	495828.740
K67+610	3194678.173	489075.056	AK0+120	3193449.097	496164.140	AK0+400	3193508.946	495891.026	AK0+660	3193448.364	495838.715
K67+620	3194678.210	489065.056	AK0+130	3193450.531	496154.243	AK0+410	3193512.137	495881.549	AK0+670	3193447.667	495848.691
K67+630	3194678.271	489055.056	AK0+140	3193451.997	496144.352	AK0+420	3193515.406	495872.099	AK0+680	3193446.970	495858.667
K67+640	3194678.354	489045.056	AK0+150	3193453.495	496134.464	AK0+430	3193518.754	495862.676	AK0+690	3193446.273	495868.642
K67+650	3194678.460	489035.057	AK0+160	3193455.024	496124.582	AK0+440	3193522.181	495853.281	AK0+700	3193445.577	495878.618
K67+660	3194678.588	489025.058	AK0+164.176	3193455.673	496120.456	AK0+449.284	3193525.432	495844.585	AK0+710	3193444.880	495888.594

桩号	坐标 X	坐标 Y	桩号	坐标 X	坐标 Y	桩号	坐标 X	坐标 Y	桩号	坐标 X	坐标 Y
K67+670	3194678.740	489015.059	AK0+170	3193456.586	496114.705	AK0+450	3193525.685	495843.915	AK0+720	3193444.183	495898.569
K67+680	3194678.914	489005.060	AK0+180	3193458.183	496104.833	AK0+460	3193529.146	495834.534	AK0+730	3193443.486	495908.545
K67+690	3194679.111	488995.062	AK0+190	3193459.817	496094.967	AK0+470	3193532.202	495825.013	AK0+740	3193442.789	495918.521
K67+700	3194679.330	488985.065	AK0+200	3193461.493	496085.109	AK0+480	3193534.458	495815.276	AK0+750	3193442.093	495928.497
K67+710	3194679.572	488975.067	AK0+210	3193463.216	496075.258	AK0+490	3193535.504	495805.339	AK0+760	3193441.396	495938.472
K67+720	3194679.837	488965.071	AK0+220	3193464.988	496065.417	AK0+500	3193534.925	495795.370	AK0+770	3193440.699	495948.448
K67+730	3194680.125	488955.075	AK0+230	3193466.814	496055.585	AK0+510	3193532.351	495785.728	AK0+780	3193440.002	495958.424
K67+740	3194680.435	488945.080	AK0+240	3193468.698	496045.764	AK0+511.784	3193531.660	495784.083	AK0+790	3193439.305	495968.399
K67+750	3194680.768	488935.085	AK0+250	3193470.643	496035.955	AK0+520	3193527.569	495776.976	AK0+800	3193438.609	495978.375
K67+760	3194681.124	488925.092	AK0+260	3193472.653	496026.159	AK0+530	3193520.770	495769.678	AK0+810	3193437.912	495988.351
K67+770	3194681.503	488915.099	AK0+270	3193474.733	496016.378	AK0+540	3193512.377	495764.289	AK0+820	3193437.215	495998.326
K67+780	3194681.904	488905.107	AK0+280	3193476.886	496006.612	AK0+550	3193502.912	495761.144	AK0+830	3193436.518	496008.302

V? 输入＋511.784 的 Y＝5784.083；

G? 输入 511.784 的方位角，245°57′27″；

H? 输入第⑤线元段长度：74.840；

P? 输入 511.784 的半径：40.000；

R? 输入终点＋586.624 的半径：40.000；

Q? 输入转向：－1。

至此，第⑤线元段起算数据输入完成。然后先验算第⑤线元段终点（即第⑥线元段起点的方位角和坐标）。

⑤按 EXE 键，按屏幕提示输入：

S? 输入第⑤线元终点桩号：586.624；

I? 不计算边桩，输入 0.000；

Z? 不计算边桩，输入 0.000；

J? 不计算边桩，输入 0.000 或 90。

显示：$T＝138°45′26″$　　　（终点方位角，与反算值相差 4″）

$X＝3468.760$　　　（终点的 X，与设计较差 1mm）

$Y＝5770.303$　　　（终点的 Y，与设计较差为 0）

$\left.\begin{array}{l}A＝3468.760\\B＝5770.303\\K＝3468.760\\L＝5770.303\end{array}\right\}$（不计算边桩，所以其值为中桩坐标）

至此，核算完成。随后计第⑤线元段上任一点的中桩坐标。例如，核算逐桩坐标表 K0＋540 的中桩：

S? 输入 540.000；

I? 不计算边桩，输入 0.000；

Z? 不计算边桩，输入 0.000；

J? 不计算边桩，输入 0 或 90；

显示：$T＝205°32′27.81″$　　　（K0＋540 点的切线方位角）

$X＝3512.377$　　　（＋540 的 X，与设计值相等）

$Y＝5764.289$　　　（＋540 的 Y，与设计值相等）

$A＝3512.377$

$B＝5764.289$

$K＝3512.377$

$L＝5764.289$

以下重复操作，只要给 S?、I?、Z?、J? 输入该线元段上需要计算的点的桩号；中一边距离、夹角，就可计算出该点的中桩、右桩、左桩的坐标。

当计算完一个线元段,需计算另一个线元段时,只要给 S^7 输入－1,即可重新开始计算。

1.4.3 坐标计算通用程序计算几个同向圆曲线上任意一点中、边桩坐标实操案例

1)案例

本案例是湖南省永州至兰山高速公路第二合同段线路中的一部分,这个案例是三个同向圆曲线,设计单位提供了这三个同向圆曲线的直线、曲线、转角表,并提供了间距为 20m 的逐桩坐标表。

图 1-3 是作者根据直线、曲线及转角表绘制的这三个同向圆曲线的草图。

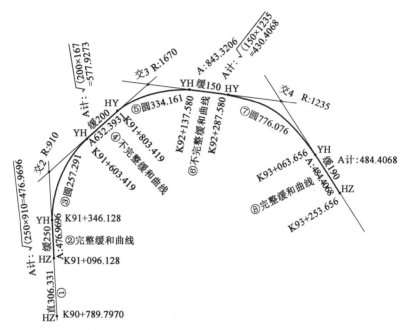

图 1-3 湖南永州至兰山高速公路三个同向圆曲线线元段示意图(尺寸单位:m)

图中三个圆曲线的两端带有不相等的缓和曲线,交 2 处的圆曲线,前缓和曲线长 250m,后缓和曲线长 0m;交 3 处的圆曲线,前缓和曲线长 200m,其起点与交 2 圆曲线终点重合,后缓和曲线长 0m;交 4 处的圆曲线,前缓和曲线长 150m,其起点与交 3 圆曲线终点重合,后缓和曲线长 190m。

这种线形上任意点中、边桩坐标计算,用常用线形的交点法程序计算有些难度,宜采用通用程序来计算。

2)程序执行的操作方法步骤

(1)按照前述介绍的方法分线元段,计算线元段起点的切线方位角及坐标,

计算线元段长度,判断线元段起点及终点半径,判断线元转向。

(2)编制本段线路起算数据表,详见表1-6。

(3)程序执行操作方法步骤。

湖南永州至兰山高速公路二标三个同向圆曲线坐标计算起算数据　表 1-6

线形编号	线元名称 起~止	线元桩号 起点(O)~终点 (m)	起点坐标 X(U) (m)	起点坐标 Y(V) (m)	起点方位角 G	线元长度 H (m)	起点半径 P (m)	终点半径 R (m)	转向 Q
直 1	HZ~ZH	K90+789.797~ K91+096.128	6861.912	510071.2846	142°08′15.3″	306.331	∞	∞	0
缓 2	ZH~HY	K91+096.128~ K91+346.128	6620.068	510259.301	142°08′15.3″	250.0	∞	910	1
圆 3	HY~YH	K91+346.128~ K91+603.419	6416.052	510403.428	150°00′28.4″	257.291	910	910	1
缓 4	YH~HY	K91+603.419~ K91+803.419	6178.110	510499.043	166°12′27.2″	200	910	1670	1
圆 5	HY~YH	K91+803.419~ K92+137.58	5980.520	510528.401	175°56′048″	334.161	1670	1670	1
缓 6	YH~HY	K92+137.58~ K92+287.58	5647.058	510518.696	187°23′57.7″	150	1670	1235	1
圆 7	HY~YH	K92+287.58~ K93+063.656	5499.532	510491.954	193°27′07.3″	776.076	1235	1235	1
缓 8	YH~HZ	K93+063.656~ K93+253.656	4848.335	510093.613	229°27′24.4″	190	1235	∞	1
直 9	HZ~	K93+253.656	4732.425	509943.127	233°51′509″		∞	∞	

注:1.本案例采用 XYTYJS1 程序,半径无穷大时,输入×1045。

　　2.采用 XYTYJS2 程序时,半径应输入曲率 1/P、1/R,且右正,左负;半径无穷大时,输入 0.000。

直线、曲线及转角见表1-7,逐桩坐标见表1-8。

程序执行操作方法步骤,参阅上节,计算结果详见表1-9。读者可用表1-6数据练习计算。

湖南省永州至蓝山高速公路　第2合同段　K90+800~K92+318.963段改线变更设计　直线、曲线及转角　表1-7

	交点 JD			转角		平曲线要素值(m)								曲线控制桩号				直线长度及方向	
	桩号	X(m)	Y(m)	ΔZ	ΔY	R	A1	A2	Lh1	Lh2	T1	T2	L	ZH	HY(ZY)	YH(YZ)	HZ	直线长度/m	θc
1	2	3	4	5	6	7	8	8	8	8	9	10	11	12	13	14	15	16	17
起点	K90+789.797	6861.912	10071.285															306.331	142°08'15.3"
交2	K91+408.654	6373.333	10451.119		24.04118	910	476.970	0	250	0	312.526	201.019	507.291	K91+096.128	K91+346.128	K91+603.419		0	166°12'27.1"
交3	K91+846.524	5942.014	10557.001		21.11306	1670	632.393	0	200	0	243.105	297.434	534.162		K91+803.419	K92+137.580		0	187°23'57.7"
交4	K92+688.324	5100.900	10447.769		46.27532	1235	843.321	484.407	150	190	550.743	624.850	1116.075		K92+287.580	K93+063.656	K93+253.656	0	233°51'50.8"
终点	K93+253.656	4732.425	9943.127																

注：改线起点 K90+789.797=K90+800。
改线终点 K92+318.963=K92+320。

表 1-8

路 线 逐 桩 坐 标

湖南省永州至蓝山高速公路　第二合同段　K90+800～K92+318.963段改线变更设计

中心桩号	坐标(m)		中心桩号	坐标(m)		中心桩号	坐标(m)	
1	X 2	Y 3	1	X 2	Y 3	1	X 2	Y 3
K90+789.797	2836861.912	510071.285	K91+360	2836403.985	510410.271	K91+940	2835844.039	510532.505
K90+800	2836853.857	510077.547	K91+380	2836386.408	510419.810	K91+960	2835824.042	510532.168
K90+820	2836838.068	510089.822	K91+400	2836368.624	510428.961	K91+980	2835804.050	510531.592
K90+840	2836822.278	510102.098	K91+420	2836350.644	510437.719	K92+000	2835784.067	510530.777
K90+860	2836806.488	510114.373	K91+440	2836332.476	510446.080	K92+020	2835764.095	510529.723
K90+880	2836790.698	510126.648	K91+660	2836314.129	510454.040	K92+040	2835744.137	510528.429
K90+900	2836774.909	510138.924	K91+480	2836295.611	510461.594	K92+060	2835724.196	510526.897
K90+920	2836759.119	510151.199	K91+500	2836276.931	510468.739	K92+080	2835704.275	510525.126
K90+940	2836743.329	510163.474	K91+520	2836258.099	510476.473	K92+100	2835684.376	510523.116
K90+960	2836727.539	510175.750	K91+540	2836239.124	510481.791	K92+120	2835664.503	510520.868
K90+980	2836711.750	510188.025	K901+560	2836220.014	510487.690	K92+137.58	2835647.058	510518.696
K91+000	2836695.960	510200.300	K91+580	2836200.779	510493.168	K92+140	2835644.658	510518.383
K91+020	2836680.170	510212.576	K91+600	2836181.429	510498.222	K92+160	2835624.845	510515.657
K91+040	2836664.380	510224.851	K91+603.419	2836178.110	510499.043	K92+180	2835605.067	510512.682
K91+060	2836648.519	510237.126	K91+620	2836161.972	510502.851	K92+184.981	2835600.148	510511.901
K91+080	2836632.801	510249.402	K91+640	2836142.422	510507.068	K92+200	2835585.331	510509.446

中心桩号	坐标(m)		中心桩号	坐标(m)		中心桩号	坐标(m)	
1	X 2	Y 3	1	X 2	Y 3	1	X 2	Y 3
K91+096.128	2836620.068	510259.301	K91+660	2836122.791	510510.890	K92+220	2835565.641	510505.940
K91+100	2836617.011	510261.677	K91+680	2836103.000	510514.335	K92+240	2835546.003	510502.153
K91+120	2836601.215	510273.945	K91+700	2836083.330	510517.423	K92+244.981	2835541.121	510501.165
K91+140	2836585.394	510286.179	K91+720	2836063.520	510520.171	K92+260	2835526.423	510498.074
K91+160	2836569.525	510298.352	K91+740	2836043.668	510522.599	K92+280	2835506.909	510493.694
K91+180	2836553.589	510010.436	K91+760	2836023.782	510524.726	K92+287.58	2835499.532	510491.954
K91+200	2836537.563	510322.402	K91+780	2836003.868	510526.571	K92+300	2835487.467	510489.044
K91+220	2836521.429	510334.221	K91+800	2835983.930	510528.155	K92+320	2835468.104	510483.999
K91+240	2836505.168	510345.864	K91+803.419	2835980.520	510528.401			
K91+260	2836488.760	510357.300	K91+820	2835963.975	510529.494			
K91+280	2836472.190	510368.499	K91+840	2835944.006	510530.594			
K91+300	2836455.440	510379.428	K91+860	2835924.024	510531.455			
K91+320	2836438.498	510390.055	K91+880	2835904.034	510532.077			
K91+340	2836421.349	510400.347	K91+900	2835884.038	510532.459			
K91+346.128	2836416.052	510403.428	K91+920	2835864.039	510532.602			

线元号	桩号	左边桩(m)		中一边距离	中桩(m)		中一边距离	右边桩(m)	
		X	Y		X	Y		X	Y
1	K90+920	6767.189	510161.581	13.15	6759.118	510151.199	13.15	6751.047	510140.817
2	K91+220	6529.146	510344.870	13.15	6521.429	510334.222	13.15	6513.713	510323.574
3	K91+500	6281.494	510481.072	13.15	6276.931	510468.739	13.15	6272.368	510456.406
4	K91+700	6085.247	510530.432	13.15	6083.331	510517.423	13.15	6081.414	510504.413
5	K92+020	5763.323	510542.850	13.15	5764.095	510529.723	13.15	5764.867	510516.596
6	K92+200	5583.116	510522.408	13.15	5585.331	510509.446	13.15	5587.547	510496.484
7	K92+620	5184.116	510383.820	13.15	5190.466	510372.305	13.15	5196.816	510360.789
8	K93+160	4777.650	510026.371	13.15	4788.123	510018.419	13.15	4798.597	510010.468

注:本案例每一个线元段只计算了一个横断面的中、边桩坐标。

1.4.4 坐标计算通用程序计算涵洞基础放样点坐标实操案例

1)案例

本案例是广东省中山市东部快线工程榄横路高架桥茂南路 B 匝道 BK0+512.00 箱涵基础放样数据计算。

图 1-4 是 BK0+512.00 箱涵设计图。

表 1-10 是茂南路 B 匝道直线、曲线及转角表。

图 1-5 是茂南路 B 匝线形示意图。

由图 1-4 知:

(1)箱涵主轴线与线路设计线(主线中线)交点桩号是:BK0+512.000。

(2)箱涵主轴线与线路设计线(主线中线)的夹角为 70°,是一斜交箱涵。

(3)箱涵主轴线长度,从左八字口端 A 至右八字口端 B:

$AB=0.43+4.05+4.38+12.14+4.05+0.43=25.480$

(4)箱涵基础中线长度;从基础左端 C 至基础右端 D

$CD=4.38+12.14=16.52$

(5)基础宽(见洞身断面图):

$4.00\div\cos20=4.2567$

(6)八字口,八字口宽:左=右=3.74+3.59=7.33;八字口长:左=右= 4.05+0.434=4.38。

现场施工员要求现场测量员,在实地放出 BK0+512.000 箱涵的八字口及 箱涵基础位置,以便确定开挖线。

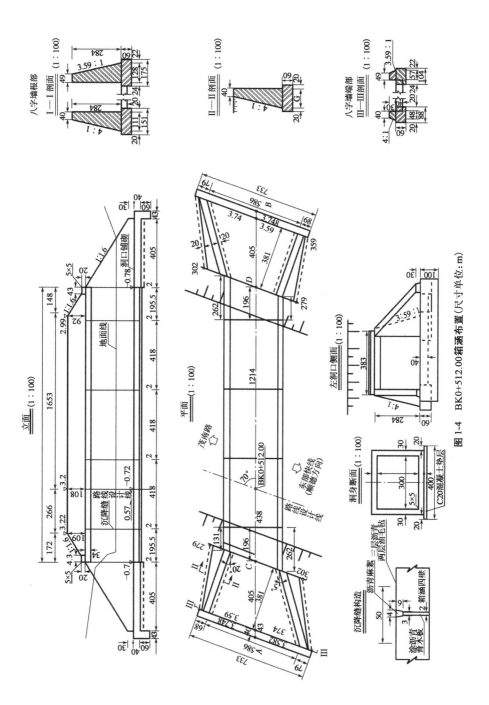

图 1-4　BK0+512.00 箱涵布置 (尺寸单位: m)

<table>
<tr><th colspan="9">茂南路 B 匝道直线、曲线及转角　　　　　　　　表 1-10</th></tr>
</table>

交点号	交点桩号 (m)	交点坐标(M)		转角值	半径 (m)	ZY桩号 (m)	YZ桩号 (m)	方　位　角
		X	Y					
BP	K0+000	569.125	6592.589					68°49′56″
JD1	K0+110.046	608.863	6695.210	2°51′53.2″ (Z)	1500	K0+072.538	K0+147.538	68°49′56″
EP	K0+543.475	785.386	7091.081					65°58′02.8″

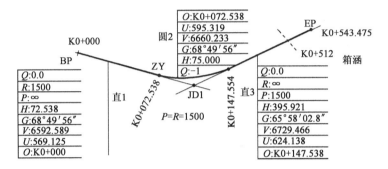

图 1-5　茂南路 B 匝道线形示意图(尺寸单位:m)

2)程序执行的操作方法步骤

(1)绘制该箱涵放样示意图(图 1-6)在图上标明以下内容:

①线路中线;

②箱涵主轴线;

③两线的交点 O 的桩号、夹角;

④对各放样点编号,标明放样点至箱涵主轴线的间距:

八字口:②−A=⑤−B=3.748;

　　　　①−A=⑥−B=3.582;

　　　　④−⑩=⑦−⑪=2.79;

　　　　③−⑨=⑧−⑫=3.02。

基础:⑩−C=⑨−C=⑪−D=⑫−D=2.128。

⑤箱涵主轴线编号,并标示各点间距:

箱涵主轴线总长:AB=4.48+4.38+12.14+4.48=25.48;

箱涵基础长:CD=4.38+12.14=16.52;

基础宽:⑨−⑩=⑪−⑫=4.0÷cos20=4.2567。

注意:示意图上各间距取用、应仔细分析图 1-4。例如:八字口间距 3.74 及 3.59,应详细分析Ⅲ-Ⅲ剖面。再如八字口根部间距:⑨−③=3.02,⑩−④= 2.79,应分析Ⅰ-Ⅰ剖面取用;再如基础间距:C−⑨=C−⑩=D−⑪=D−⑫=

$2.128 = 2 \div \cos 20°$。

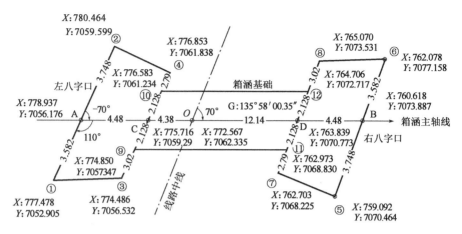

图 1-6　BK0+512　箱涵放样草图(尺寸单位:m)

(2)对茂南路 B 匝道线路分线元段,并计算各线元段起算数据:O、U、V、G、H、P、R、Q。详见图 1-5 及表 1-10。

(3)计算 BK0+512 主轴线上 A、C、O、D、B 主要特征点的坐标。

由图 1-5 及表 1-10 知,BK0+512 箱涵在直线线元段 K0+147.538～K0+543.475 直线上。因此可依据该线元的起算数据,采用 $fx-5800/9750$ 通用程序计算 BK0+512 箱涵主轴线各特征点的坐标。

通用程序(XYTYJS1 程序)执行时,按 $\boxed{\text{EXE}}$ 键,按照屏幕提示,输入:

O? 输入直 3 线元起点桩号:147.538;

U? 输入直 3 线元起点 X 坐标:624.138;

V? 输入直 3 线元起点 Y 坐标:6729.466;

G? 输入直 3 线元起点方位角:65°58′02.8″;

H? 输入直 3 线元段间距:395.937;

P? 输入直 3 线元段起点半径 $P=1500$;

R? 输入直 3 线元段终点半径 $R=1045$;

Q? 输入直 3 线元段转向:0.000;

S? 输入箱涵交点桩号:512.000;

I? 输入右边距:交点 O 至 D 距离:12.14(图 1-6);

Z? 输入左边距:交点 O 至 C 距离:4.38(图 1-6);

J? 输入右夹角 70°,(图 1-6)。

$T=65°58′02.8″$

$X=772.567$

$Y=7062.335$

$A=763.839$ （箱涵主轴线 D 点的 X 坐标）

$B=7070.773$ （箱涵主轴线 D 点的 Y 坐标）

$K=775.716$ （箱涵主轴线 C 点的 X 坐标）

$L=7059.290$ （箱涵主轴线 C 点的 Y 坐标）

同法,计算箱涵主轴线上八字口端 B 和 A 的坐标

$S^?$ 仍输入箱涵交点:512.000;

$I^?$ 输入右边距:12.14+4.48=16.62;

$Z^?$ 输入左边距:4.38+4.48=8.86;

$J^?$ 输入右夹角 70°。

$T=65°58'02.8''$ （箱涵交点的切线方位角）

$X=772.567$ （箱涵交点 O 的 X 坐标）

$Y=7062.335$ （箱涵交点 O 的 Y 坐标）

$A=760.618$ （箱涵主轴线 B 点 X 坐标）

$B=7073.887$ （箱涵主轴线 B 点 Y 坐标）

$K=778.937$ （箱涵主轴线 A 点 X 坐标）

$L=7056.176$ （箱涵主轴线 A 点 Y 坐标）

（4）计算八字口及基础放样点①和②、⑨和⑩、③和④、⑪和⑫、⑦和⑧、⑤和⑥的坐标。

当箱涵主轴线两端点 A 和 B 的坐标算出后,便把箱涵主轴线设定为直线线元段,该直线线元的起点桩号是 $A=0.000$;终点桩号是 B 至 A 的距离=4.48+4.38+12.14+4.48=25.48;C 点的桩号是 4.48;D 点的桩号是=4.48+4.38+12.14=21.000。

该线元段起点 A 的半径是无穷大∞,终点 B 的半径是无穷大∞;

该线元段长度是:25.48=4.48+4.38+12.14+4.48

该线元段的转向为 0。

该线元段起点 A 的方位角,采用 fx-5800/9750 直线段中、边桩坐标计算程序 ZXY 计算（见附录 ZXYJS 程序）得:135°58'00.35''。

这样,该线元段的起算数据就准备好了。即可开始计算八字口及基础放样点的坐标。

（5）程序执行操作方法步骤:

①输入起算数据:

$O^?$ 输入 0.000;

$U^?$ 输入 778.937;

$V^?$ 输入 7056.176;

G[?] 输入 135°58′00.35″；

H[?] 输入 25.48；

P[?] 输入 ×1045；

R[?] 输入 ×1045；

Q[?] 输入 0.000。

②计算①和②点坐标：

S[?] 输入 0.000；

I[?] 输入 3.582；

Z[?] 输入 3.748；

J[?] 输入右夹角 110。（由 A 面向 B，①、③、⑦、⑤为右边点②、④、⑧、⑥为左边点）

计算得：$T = 135°58′00.35″$　　　　　　　（计算的 A 点的方位角）

$\left. \begin{array}{l} X = 778.937 \\ Y = 7056.176 \end{array} \right\}$（核算 A 点坐标）

$\left. \begin{array}{l} A = 777.478 \\ B = 7052.905 \end{array} \right\}$（八字口①点的坐标）

$\left. \begin{array}{l} K = 780.464 \\ L = 7059.599 \end{array} \right\}$（八字口②点的坐标）

③计算③和④点坐标：

S[?] 输入 4.48；

I[?] 输入 3.02；

Z[?] 输入 2.79；

J[?] 输入 110。

计算得：$T = 135°58′00.35″$　　　　　　（桩号 4.48 点即 C 点的方位角）

$\left. \begin{array}{l} X = 775.716 \\ Y = 7059.290 \end{array} \right\}$（核算 C 点的坐标）

$\left. \begin{array}{l} A = 774.486 \\ B = 7056.532 \end{array} \right\}$（③点的坐标）

$\left. \begin{array}{l} K = 776.853 \\ L = 7061.838 \end{array} \right\}$（④点的坐标）

④计算⑨和⑩点坐标：

S[?] 输入 4.48；

I[?] 输入 2.128；

Z[?] 输入 2.128；

J[?] 输入 110。

计算得：$T = 135°57'54.7''$ （C点的方位角）

$$\left.\begin{array}{l} X = 775.716 \\ Y = 7059.290 \end{array}\right\} \text{（核算C点坐标）}$$

$$\left.\begin{array}{l} A = 774.850 \\ B = 7057.347 \end{array}\right\} \text{（⑨点的坐标）}$$

$$\left.\begin{array}{l} K = 776.583 \\ L = 7061.234 \end{array}\right\} \text{（⑩点的坐标）}$$

⑤计算⑦和⑧点的坐标；

⑥计算⑪和⑫点的坐标，计算方法仿上，注意 S^7 应输入 $4.48 + 4.38 + 12.14 = 21.000$；

⑦计算⑤和⑥点的坐标，计算方法仿上，注意 S^7 应输入 25.48。

计算过程略，读者可自行演习。

1.4.5 坐标计算通用程序计算桥梁基础放样点坐标实操案例

1）案例1

本案例是厦昆高速公路江西境内赣州唐江段 K12＋009.00 叉塘村斜交分离立交桥的桥台、基础放样数据计算。

这个案例的特点是桥梁中轴线与线路中线相交，桥台基础在线路中线两侧。

图 1-7 是根据该斜交分离立交桥立面、平面图草绘的现场放样示意图。

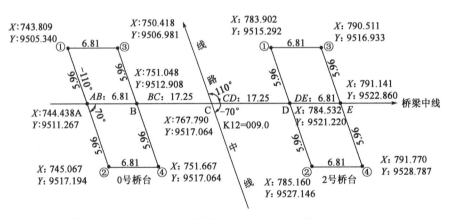

起算要事：交点名：JD10，交点桩号Q：K12+340.275，交点X=753.0，Y=9186.0，
半径R=5000，方位角F=266°32′51.91′′，转角=-12°43′08′′.15
缓和曲线长V=0.000，转向：G=-1

图 1-7 K12＋009.0 斜交分离立交桥放样示意图（尺寸单位：m）

现场施工员要求现场测量员在施工现场实地放出本案例 0 号桥台基础①、②、③、④；2 号桥台基础①、②、③、④。

为此,现场测量员的任务是在现场要计算出各桥台基础四个角的坐标,并将其放样到实地。

2)通用程序计算(图1-7)放样数据的方法步骤

作者用通用程序计算的该案例放样数据见图 1-7 各点旁的 X 及 Y 数据。

读者可根据图1-7中的起算要素及图1-7中所标数据,自己用上述通用程序演练计算,以期熟练地掌握通用程序计算点位中、边桩坐标技术。

第一步,计算线路中线与桥梁中线交点 C(K12+009.0)点的坐标,并在计算 C 点坐标的同时,计算桥梁中线上 C 点左边点 A 及 B 的坐标,C 点右边点 D 及 E 的坐标。

根据 C 点的桩号,在直线、曲线及转角表上,准确判断 C 点在线路中线上那个线元段;

根据 C 点所在的线元段,在直线、曲线及转角表中抄取该线元段的起算数据:该线元段起点桩号,起点的 X、Y 坐标,起点的方位角,起点的半径,终点的半径,终点的桩号及 X、Y 坐标,该线元段的转向。

为了方便读者参考,下面将该案例 C 点所在线元段的起算数据整理如下:

C 点所在线元段是交点 JD10 控制的一个左转圆曲线(图1-8),该圆曲线线元的起算数据:

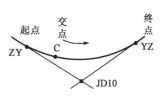

图1-8　C点在左转圆曲线上

起点桩号 ZY:K11+781.544

起点 X:786.645

起点 Y:9743.717

起点 ZY 的方位角:266°32′51.91″

起点 ZY 半径:5000

终点 YZ 半径:5000

终点 YZ 桩号:K12+894.389(终点 YZ 的 X=597.077,Y=8649.466,供参考)

转向:左转。

根据 C 点所在线元段起算数据,利用通用程序计算 C、D、B、A、E 点坐标。

注意:

计算 D、B 时,右边距输入 17.25,左边距输入 17.25;夹角输入右110°。

计算 E、A 时,右边距输入 17.25+6.81,左边距输入 17.25+6.81;夹角输入右110°。

第二步,计算 0 号桥台基础角点①、②、③、④,计算 2 号桥台基础角点①、

②、③、④。

（1）把桥梁中轴线 AE 设定为直线线元段（图1-7）。

（2）正确判断 AE 直线段起算数据：

①该直线线元段的起点桩号 $A=0.000$；

②起点 A 的坐标：$X=744.438$，$Y=9511.267$；

③该直线线元段的终点桩号 $E=6.81+17.25+17.25+6.81=48.12$；

④终点 E 的坐标：$X=791.141$，$Y=9522.860$；

⑤该线元段起点 A 的方位角，采用 fx 5800/9750 线路直线段中、边桩坐标计算程序（见附录 ZXYJS 程序）计算得：13°56′26.36″。AE 距离48.12（此反算距离，可与图1-7已知各段距离和：$6.81+17.25+17.25+6.81=48.12$ 比较核算）；

⑥该线元段起点 A 的半径是无穷大 ∞，终点 E 的半径是无穷大 ∞；

⑦该线元段的转向是0；

⑧0号桥台基础与 AE 线元交点为 A 及 B，2号桥台基础与 AE 线元交点为 D 及 E，其右夹角为70°，基础左、右边距为5.96；

⑨该线元段上 B 桩号为6.81，D 桩号为：$6.81+17.25+17.25=41.31$。

（3）根据上述准备的 AE 直线线元起算数据，采用通用程序计算0号桥台及2号桥台基础各角点。

①计算0号桥台①及②，所求点桩号输入0，右边距输入5.96，左边距输入5.96，夹角输入70°；

②计算0号桥台③及④，所求点桩号输入6.81，右边距输入5.96，左边距输入5.96，夹角输入70°；

③计算2号桥台①及②，所求点桩号输入：41.31；右边距输入5.96，左边距输入5.96，夹角输入70°；

④计算2号桥台③及④，所求点桩号输入：48.12，右边距输入5.96，左边距输入5.96，夹角输入70°。

注意：为了保证计算成果正确无误，可先计算直线线元上 C 点及 E 点的坐标，与第一步计算的 C 及 E 点坐标比较，其较差应为0。

上述案例的特点是桥梁中轴线与主线路中线相交（正交或斜交）；桥台、桥墩的基础在主线路中线的两侧，这种桥的桥身横跨主线路。

线路桥梁施工实践中，还有一种桥型布置是桥身与主线路方向一致，这种桥的特点是桥梁中轴线与主线路中线重合，而桥台、桥墩的桩基的中心线与主线路相交（正交或斜交）。

3）案例2

图1-9是江西省德兴至南昌高速公路新建工程第 B4 合同段大门板新村大

桥的桥台、桥墩的桩基放样示意图。

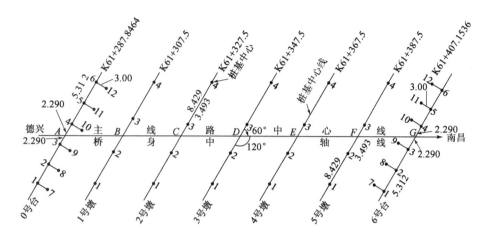

交点起算数据:交点桩号Q:K60+330.564,交点X=W=3343.962;Y=K=6198.785
半径R:3100;缓和曲线长V:300;转角N=26°57′29″;
方位角F=261°27′49″;转向:右 G=1。

图 1-9 大门板新村大桥桩基放样示意图(尺寸单位:m)

图中,该桥中轴线 $A-B-C-D-E-F-G$ 与主线路中线重合。桥台左排 0 号台桩基中心连线与主线路相交于 A 点,桩号是 K61+287.8464,其余墩、台桩基中心线与主线路相交如图 1-9 所示,桩基中心连线与主线路中线夹角是右 120°。

(1)准备工作

这种桥型的墩、台桩基放样数据,采用上述通用程序计算时,应做好如下准备工作:

根据桥型布置立面图、平面图正确判断计算桥墩桩基中心线与主线路中线交点 B、C、D、E、F 的桩号(图 1-9);

根据桥型布置立面图、平面图及桥台一般构造图,正确判断计算桥台桩基中心线与主线路中线交点 A、G 的桩号(图 1-9);

根据桥墩一般构造图,正确判断计算桥墩第 1 个桩基中心距主线路中线距离,正确判断桥墩桩基间距;

根据桥台一般构造图,正确判断计算桥台第 1 个桩基中心距主线路中线距离;正确判断桥台桩基间距。正确判断桥台左、右桩基间距。

(2)通用程序计算

有了上述数据,采用通用程序计算时应提示注意的是:

根据桥中轴线两端点 A 及 G 的桩号,在该施工段主线路的直线曲线及转角表(表1-11)中,正确判断该桥在主线路那个线元段。

图1-10是作者依据表1-11草绘的该施工段线路走向示意图。

由表1-11及图1-10知,该桥A桩号K61+287.8464、G桩号K61+407.1536在交点JD12带缓和曲线的圆曲线的后直线段(即第2直线段):K61+195.812~K62+219.968线元段上。

准备K61+195.812~K62+219.968线元段起算数据。

由图1-10及表1-11知,交点JD12控制的线路的线元段见图1-11。

由图1-11知,交点JD12控制的线元段是:

①HZ~ZH线元段,即前直线段;

②ZH~HY线元段,即前缓和曲线段;

③HY~YH线元段,即圆曲线段;

④YH~HZ线元段,即后缓和曲线段;

⑤HZ~ZY线元段,即后直线段。

大门板新村大桥位于后直线段。因此,该大桥桩基中心放样数据计算,关键是准备这个直线线元段的起算数据。

这个直线线元段(HZ~ZY)的起算数据可考虑用下述三种途径获取:

从设计单位的直线、曲线及转角表中查取(表1-11):

从表1-11中查得:

该直线线元段起点桩号是:K61+195.812;

终点桩号是:K62+219.968。

注意:该表设计单位只提供了桩号,没有提供坐标。

前切线方位角$F_{前}=261°27'49''$,后切线方位角$F_{后}=288°25'18''$。

从设计单位提供的逐桩坐标表中查取(表1-12)。

从表1-12中查得该线元段:

起点HZ K61+195.812的$X=3193626.258, Y=495351.240$;

终点ZY K62+219.968的$X=3193949.900, Y=494379.566$。

根据交点起算要素,计算相关数据。

本例交点JD12的起算要素:

交点桩号:$Q=$K60+330.564;

$X=W=3193343.962, Y=K=496198.785$;

半径$R=3100$,缓和曲线长:300;

转角(右):$N=26°57'29''$;

前切线方位角:$F_{前}=261°27'49''$,转向右$G=1$。

德兴至南昌高速公路新新工程第 **B4** 合同段直线、曲线及转角

表 1-11

交点号	交点坐标		交点桩号	转角值		曲线要素值(m)									曲线位置					直线长度及方向		
	X	Y		左转	右转	半径 R	第一缓和曲线参数 A1	第一缓和曲线长度 L1	第二缓和曲线参数 A2	第二缓和曲线长度 L2	第一切线长度 T1	第二切线长度 T2	曲线长度 L	外矢距 E	第一缓和曲线起点 ZH	第一缓和曲线终点 HY(ZY)	曲线中点 QZ	第二缓和曲线起点 YH(YZ)	第二缓和曲线终点 HZ	直线长度(m)	交点间距(m)	计算方位角
起点	3193496.936	497217.93	K59+300.000																			
JD12	3193343.962	496198.785	K60+330.564		26°57′29″	3100	964.365	300.000	964.365	300.000	893.321	893.321	1758.569	89.051	K59+437.243	K59+737.243	K60+316.528	K60+895.812	K61+195.812	137.243	1030.564	2612749
JD13	3194192.658	493650.723	K62+988.176	15°54′09″		5500	0	0.000	0	0.000	768.208	768.208	1526.540	53.390	K62+219.968	K62+219.968	K62+983.238	K63+746.508	K63+746.508	1024.156	2685.685	2882518
JD14	3194281.948	491621.132	K65+009.854		15°44′44″	2800	916.515	300.000	916.515	300.000	537.350	537.350	1069.479	27.991	K64+472.504	K64+772.501	K65+007.244	K65+241.984	K65+541.984	725.996	2031.554	2723109
JD15	3194694.790	490370.231	K66+321.900	19°01′28″		2200	756.307	260.000	756.307	260.000	498.834	498.834	990.484	31.969	K65+823.066	K66+083.066	K66+318.308	K66+553.550	K66+813.550	281.083	1317.267	2881553
JD16	3194670.432	488533.194	K68+151.914		15°49′59″	4400	0	0.000	0	0.000	611.844	611.844	1215.891	42.336	K67+540.070	K67+540.070	K68+148.015	K68+755.961	K68+755.961	726.520	1837.198	2691425
JD17	3195042.299	487152.445	K69+574.065	16°16′46″		5719.903	0	0.000	0	0.000	818.105	818.105	1625.187	58.210	K68+755.961	K68+755.961	K69+568.554	K70+381.148	K70+381.148	0.000	1129.949	2850424
JD18	3195014.289	485821.896	K70+893.887		10°22′20″	5649.210	0	0.000	0	0.000	512.739	512.739	1022.677	23.221	K70+381.148	K70+381.148	K70+892.486	K71+403.824	K71+403.834	0.000	1330.814	2684739
终点	3195111.290	485220.756	K71+500.000																	96.176	608.915	2790959
	B4 合同段	K59+500~	K68+100																			

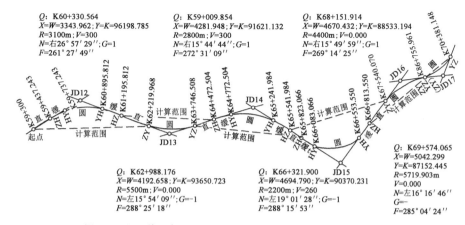

图 1-10 江西德昌高速 B4 标段线路走向草图（直线、曲线、转角要素）

注：直：直线段；缓：缓和曲线段；圆：圆曲线段。

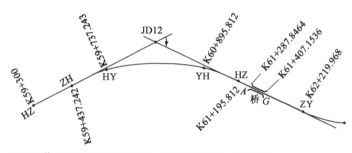

HZ~ZY线元（K61+195.812~K62+219.968线元段）起算数据

1.起点桩号：K61+195.812;2.终点桩号：K62+219.968;

3.起点坐标：$X=3626.258$,$Y=5351.240$;

4.起点方位角：288°25′18″;5.起点半径：∞;6.终点半径：∞;

7.线元段长度：1024.156m。8.线元转向:0。

图 1-11　JD12 控制的线元段及桥所在线元段示意图

①计算后切线方位角：

公式：

$$F_后=F_前\pm N=261°27′49″+26°57′29″=288°25′18″ \tag{1-7}$$

式中：$F_后$——后切线方位角,即 HZ 点方位角；

$F_前$——前切线方位角,即 ZH 点方位角；

$\pm N$——右转角用加号,左转角用减号。

②计算 HZ 点坐标：

$$\begin{aligned}X_{HZ}&=X_交+T\cos F_后\\&=3343.962+893.321\times\cos(288°25′18″)\\&=3626.258\end{aligned} \tag{1-8}$$

逐 桩 坐 标

表1-12

桩号	坐标(m)		桩号	坐标(m)		桩号	坐标(m)		桩号	坐标(m)	
	X	Y		X	Y		X	Y		X	Y
K59+500.000	3193467.292	497020.142	K59+040.000	3193421.167	496482.654	K59+600.000	3193469.975	495925.549	K59+140.000	319360.651	495404.202
K59+520.000	3193464.380	497000.355	K59+060.000	3193421.173	496462.654	K59+620.000	3193473.574	495995.875	K59+160.000	3193614.949	495385.220
K59+540.000	3193461.503	496980.563	K59+080.000	3193421.308	49644.654	K59+640.000	3193477.299	495886.225	K59+180.000	3193621.262	495365.243
K59+560.000	3193458.670	496960.764	K59+100.000	3193421.572	496422.655	K59+660.000	3193481.152	495866.600	HZ+195.812	3193626.258	495351.240
K59+580.000	3193455.890	496940.959	K59+120.000	3193421.965	496402.660	K59+680.000	3193485.131	495847.000	K59+200.000	3193627.581	495347.267
K59+600.000	3193453.169	496921.145	K59+140.000	3193422.487	496382.666	K59+700.000	3193489.236	495827.426	K59+220.000	3193633.902	495328.292
K59+620.000	3193450.519	496901.321	K59+160.000	3193423.137	496362.677	K59+720.000	3193493.468	495807.878	K59+240.000	3193640.222	495309.317
K59+640.000	3193447.946	496881.487	K59+180.000	3193423.917	496342.692	K59+740.000	3193497.826	495788.359	K59+260.000	3193646.542	495290.342
K59+660.000	3193445.460	496861.642	K59+200.000	3193424.828	496322.713	K59+760.000	3193502.309	495768.868	K59+280.000	3193652.862	495271.367
K59+680.000	3193443.069	496841.786	K59+220.000	3193425.863	496302.740	K59+780.000	3193506.918	495749.406	K59+300.000	3193659.182	495252.392
K59+700.000	3193440.781	496821.917	K59+240.000	3193427.030	496282.774	K59+800.000	3193511.653	495229.975	K59+320.000	3193665.502	495233.416
K59+720.000	3193438.606	496802.036	K59+260.000	3193428.325	496262.816	K59+820.000	3193516.513	495710.574	K59+340.000	3193671.823	495214.441
HY+737.243	3193436.828	496784.885	HY+280.000	3193429.749	496242.867	HY+840.000	3193521.497	495691.206	HY+360.000	3193678.143	495195.466
HY+740.000	3193436.552	496782.142	HY+300.000	3193431.301	496222.927	HY+860.000	3193526.607	495671.869	HY+380.000	3193684.463	495176.491
HY+760.000	3193434.625	496762.235	HY+320.000	3193432.983	496202.998	HY+880.000	3193531.842	495652.566	HY+400.000	3193690.783	495157.516
HY+780.000	3193432.827	496742.316	HY+340.000	3193434.792	496183.080	YH+895.812	3193536.068	495637.330	HY+420.000	3193697.103	495138.541
HY+800.000	3193431.157	496722.386	HY+360.000	3293436.731	496163.174	HY+900.000	3193537.200	495633.298	HY+440.000	3193703.423	495119.566

续上表

桩号	坐标(m)		桩号	坐标(m)		桩号	坐标(m)		桩号	坐标(m)	
	X	Y		X	Y		X	Y		X	Y
HY+820.000	3193429.616	496702.445	HY+380.000	3193438.797	496143.282	HY+920.000	3193542.681	495614.063	HY+460.000	3193709.743	495100.590
HY+840.000	3193428.204	496682.495	HY+400.000	3193440.992	496123.402	HY+940.000	3193548.276	495594.862	HY+480.000	3193716.064	495081.615
HY+860.000	3193426.920	496662.536	HY+420.000	3193443.315	496103.538	HY+960.000	3193553.976	495575.691	HY+500.000	3193722.384	495062.640
HY+880.000	3193425.765	496642.570	HY+440.000	3193445.766	496083.689	HY+980.000	3193559.773	495556.550	HY+520.000	3193728.704	495043.665
HY+900.000	3193424.739	496622.596	HY+460.000	3193448.346	496063.856	K61+000.000	3193565.659	495537.436	HY+540.000	3193735.024	495024.690
HY+920.000	3193423.842	496602.616	HY+480.000	3193451.053	496044.040	HY+020.000	3193571.626	495518.347	HY+560.000	319371.344	495005.715
HY+940.000	3193423.074	496582.631	HY+500.000	3193453.888	496024.242	HY+040.000	3193577.664	495499.280	HY+580.000	3193747.664	494986.740
HY+960.000	3193422.435	496562.541	HY+520.000	3193456.850	496004.462	HY+060.000	3193583.767	495480.234	HY+600.000	3193753.984	494967.765
HY+980.000	3193421.924	496542.648	HY+540.000	3193459.940	495984.703	HY+080.000	3193589.925	495461.205	HY+620.000	3193760.305	494948.789
K60+000.000	3193421.543	496522.651	K60+560.000	3193463.158	495964.963	K60+100.000	3193596.130	495442.192	K60+640.000	3193766.625	494929.814
K60+020.000	3193421.291	496502.653	K60+580.000	3193466.503	495945.245	K60+120.000	3193602.375	495423.192	K61+660.000	3193772.945	494910.839

$$Y_{HZ} = Y_交 + T\sin F_后$$
$$= 6198.785 + 893.321 \times \sin(288°25'18'') \qquad (1-9)$$
$$= 5351.241$$

式中:$X_交$、$Y_交$——交点的 X、Y 坐标值;

　　　T——切线长,从表 1-11 中查取,查不到时,可用交点要素 R、N、Q 计算;

　　X_{HZ}、Y_{HZ}——HZ 点坐标值,当表 1-11,表 1-12 查不到该值时,可用公式(1-8)、公式(1-9)计算。

③计算 ZY 点坐标。

ZY 点,本例中是 HZ～ZY 线元段终点,其坐标可用公式(1-8)及(1-9)计算,只是 T 距离应用交点至 ZY 点距离,本例中:

$$X_{ZY} = X_交 + (T + (ZY桩号 - HZ桩号)) \times \cos F_后$$
$$= 3343.962 + (893.321 + (62219.968 - 61195.812))\cos(288°25'18'')$$
$$= 3949.900$$

$$Y_{ZY} = Y_交 + (T + (ZY桩号 - HZ桩号)) \times \sin F_后$$
$$= 6198.785 + (893.321 + (62219.968 - 61195.812))\sin(288°25'18'')$$
$$= 4379.566$$

注意:此处计算线元段终点坐标,或在表 1-12 中查取终点坐标的目的,是为了用通用程序计算时方便验算;上述 HZ、ZY 点坐标计算,可用单交点 XY 程序计算

通过上述 A、B、C 三种途径,所获取的本案例大门板新村大桥所在线元段(HZ－ZY 段)的起算数据如下:

a. 该线元段起点桩号,K61＋195.812;

b. 该线元段起点,HZ,X 坐标:$U = 3626.258$;

c. 该线元段起点 HZ,Y 坐标:$V = 5351.240$;

d. 该线元段起点 HZ 的方位角 $G = 288°25'18''$;

e. 该线元段起点的半径 $P = \infty$;

f. 该线元段终点的半径 $R = \infty$;

g. 该线元段终点的桩号 K62＋219.968;

h. 该线元段的长度 $H = 62219.968 - 61195.812 = 1024.156$;

i. 该线元段转向 $Q = 0$。

(3)通用程序计算大门板新村大桥桩基放样数据

通用程序计算大门板新村大桥台、墩桩基中心坐标结果见表 1-13。程序执行操作步骤略,读者可自己根据下述提示演练。

通用程序计算大门板新村大桥桩基放样数据   表 1-13

项目	桩基号	坐标（m） X	坐标（m） Y	项目	桩基号	坐标（m） X	坐标（m） Y
0 号桥台	1 号	3663.912	5273.582	6 号桥台	1 号	3701.614	5160.389
	2 号	3660.387	5269.608		2 号	3698.089	5156.415
	3 号	3656.861	5265.635		3 号	3694.563	5152.441
	4 号	3653.822	5262.209		4 号	3691.524	5149.015
	5 号	3650.297	5258.235		5 号	3687.999	5145.042
	6 号	3646.771	5254.261		6 号	3684.473	5141.068
	7 号	3666.156	5271.591		7 号	3699.370	5162.380
	8 号	3662.631	5267.617		8 号	3695.845	5158.406
	9 号	3659.106	5263.644		9 号	3692.319	5154.433
	10 号	3656.066	5260.218		10 号	3689.280	5151.007
	11 号	3652.541	5256.244		11 号	3685.755	5147.033
	12 号	3649.016	5252.270		12 号	3682.229	5143.059
0 号台 1 号～6 号线元：$S_{1\sim6}$:25.828 $G_{1\sim6}$:228°25′17.6″				1 号～6 号线元 $S_{1\sim6}$:25.828 G:228°25′17.6″			
1 号墩	1 号	3669.464	5254.194	2 号墩	1 号	3675.784	5235.218
	2 号	3663.870	5247.888		2 号	3670.191	5228.913
	3 号	3659.234	5242.662		3 号	3665.554	5223.687
	4 号	3653.640	5236.357		4 号	3659.960	5217.382
3 号墩	1 号	3682.105	5216.243	4 号墩	1 号	3688.425	5197.268
	2 号	3676.511	5209.938		2 号	3682.831	5190.963
	3 号	3671.874	5204.712		3 号	3678.195	5185.737
	4 号	3666.281	5198.407		4 号	3672.600	5179.432
5 号墩	1 号	3694.745	5178.293				
	2 号	3689.151	5171.988				
	3 号	3684.515	5166.762				
	4 号	3678.921	5160.457				
交点坐标	A	3655.342	5263.922	交点坐标	E	3680.513	5188.350
	B	3661.552	5245.275		F	3686.833	5169.375
	C	3667.872	5226.300		G	3693.044	5150.728
	D	3674.193	5207.325				

①当程序输入线元起算数据完成,给所求点桩号输入终点桩号 K62＋219.968,计算终点坐标与前述准备的坐标比较,核算正确无误,才可继续计算下去。若核算较差大于 2mm,则应查明原因,纠正无错后方可往下算。

②给所求点桩号输入交点 A 桩号 K61＋287.8464 左、右边距输入 2.290,夹角输入 120°,计算 A 及 3、4 桩基中心坐标。

所求点桩号输入 K61＋287.8464,左、右边距输入 2.290＋5.312,夹角输入 120°,计算 A 及 2、5 桩基中心坐标。

所求点桩号输入 61287.8464,左、右边距输入 2.290＋5.312＋5.312,夹角输入 120°,计算 A 及 1、6 桩基中心坐标。

其余墩、台桩基中心坐标计算仿上进行。

③0 号台的右排、6 号台的左排桩基中心坐标计算提示。

以 0 号台的右排桩基中心坐标计算为例,把 0 号台左排 1～6 连线作为线元段,其起算数据如下:

1 号桩基起点桩号为 0.000;

1 号桩基终点桩号为:5.312＋5.312＋2.290＋2.290＋5.312＋5.312＝25.828;

1 号桩的坐标 X、Y 采用上述计算值;

1 号桩点的方位角用 1 及 6 桩基坐标反算;

1 号桩起点半径为∞,6 号终点半径为∞;

1～6 桩直线段转向为 0;

0 号台左排、右排桩基间距 3.000,夹角 90°;

6 号台左排桩基中心坐标计算的起算数据的准备同 1 号台。

1.4.6 全线通任意线路坐标计算通用程序计算任意线路上任意一点中、边桩坐标实操案例

本节前述的"一"、"二"、"三"案例放样点的坐标,是用"XYTYJS 程序"(坐标通用计算程序)逐个线元段分段计算的。当前一个线元段计算完成,要计算下一个线元段时,又要重新从头输入该线元段的起算数据:O、U、V、G、H、P、R、Q。现场放样计算坐标,这样操作显得麻烦,不方便。为了克服这一繁琐现象,可用"XYQXTTS"(XY 全线通通算)程序来计算。

线路放样实践中,有经验的施工放样测量员,都是预先把全线路每个线元段的起算数据,一次性全部输入到 XYQXTTS 程序的数据库中。这样在现场放样时,只要弄清楚放样点范围,便可很方便地随机计算全线上任意一点的 X、Y 坐标。

例如本节案例一,只要把表 1-2 中的 26 个线元段的起算数据全部输入到"XYQXTTS"程序数据库中。

在测站上,例如要计算 K4+880 点的左、中、右坐标。此时,程序执行操作方法步骤如下:

开机,搜到文件名后,逐次按 $\boxed{\text{EXE}}$ 键,逐次按屏幕提示输入:

S? 输入全线路上任意一点的桩号,本例输入 4880;

Z? 输入 S 的左边距:7.000;

I? 输入 S 的右边距:7.000;

J? 输入右夹角:90。

计算结果显示:T=205°29′45.88″   (K4+880 的方位角)

$\left.\begin{array}{l}X=21003.927\\Y=4812.853\end{array}\right\}$(计算的 K4+880 中桩坐标)

$\left.\begin{array}{l}A=21006.940\\B=4806.535\end{array}\right\}$(计算的 K4+880 右边桩坐桩)

$\left.\begin{array}{l}K=21000.914\\L=4819.171\end{array}\right\}$(计算的 K4+880 左边桩坐标)

至此,计算完成。全线路上想计算那个点,仿上操作即可。

为了能熟练地运用"XYQXTTS 程序",读者可用本节案例二、案例三的全线路线元段数据输入到数据库中练习,仿上演算。

需要提醒的是,前述案例一、案例二、案例三、案例四、案例五,介绍的是 XYTYJS1 程序执行的操作方法步骤,如采用 XYTYJS2 程序时,其程序执行操作方法步骤,基本上是与 XYTYJS1 相同,只是程序中的 P、R 是线元段起点、终点的曲率,输入时应输入起点、终点半径的倒数,且线路左偏时,输入负曲率、右偏时,输入正曲率。当半径为无穷大时,其曲率输入 0(零)。

第2章 CASIO fx-5800/9750 计算器计算任意线路中、边桩高程通用程序

2.1 程序计算线路中、边桩高程技术概述

　　线路中、边桩高程程序计算技术,是从事线路工程施工测量的工程师必须熟练掌握的又一门很重要的技术。

　　线路工程施工全过程中,从开工到施工再到竣工,每一层面都要随着工程进度,进行大量的高程位置放样工作。现场施工测量工程师只有凭借自己的熟练的计算技术,准确、快速地计算出这些放样数据,才能满足现场高程点位放样的需要。

　　现代工程施工中,线路现场测量工程师计算中边桩高程的方法各异,但归纳起来,常用的计算方法有:

　　(1)直线法高程计算。

　　(2)竖曲线法高程计算。

　　(3)超高缓和段高程计算。

　　这几种方法是分段(直线段、竖曲线段、弯道超高段)各自计算点位设计高程的,使用起来不方便,较麻烦。

　　实践中,作者用"直竖联算法"计算整条线路每一横断面左、中、右桩设计高程。

　　直竖联算法,可一并计算线路直线段、竖曲线段上任一横断面的左、中、右桩的设计高程。还可计算出线路超高缓和段每一横断面的中桩高程,继而在计算出每一横断面的超高横坡度后,根据边距、中桩高程计算出左、右边桩高程。

　　关于超高缓和段,由于此段线路横断面一侧逐渐抬高,另一侧则逐渐降低,所以该段只有先计算出横断面的超高横坡度,继而才能计算出横断面左、右边桩的高程。

　　实践中,作者用"弯道超高"计算程序计算线路超高段任一横断面的左、右桩设计高程。

读者只要掌握了作者的"直竖联算程序"和"弯道超高计算程序",便可很方便地、快速准确地计算出线路上任一横断面的左、中、右桩的设计高程。

2.2 ƒx-5800/9750 计算任意线路高程的通用程序

2.2.1 任意线路单一竖曲线高程计算通用程序——直竖联算法

1)文件名:ZFLS(直竖联算)

2)程序清单

```
Lbl  0  ↵
"H"? →H∶"B"? →B∶"R"? →R∶"I"? →I∶
"J"? →J↵
AbS(tan⁻¹(I)−tan⁻¹(J))→Z↵
Rtan(Z÷2)→T↵
B−T→A∶B+T→D↵
"A=":A▰
"D=":D▰
Lbl  1↵
"L"? →L∶"S"? →S∶"E"? →E↵
If L≤0∶Then Goto  0∶IfEnd↵
B−L→C↵
1→F↵
I▷J⇒−1→F↵
If  L≤B−T∶Then 0→Z∶I→P∶
Else  If  L≤B∶Then 1→Z∶I→P∶
Else  If  L≤B+T∶Then 1→Z∶J→P∶
Else  If  L≥B+T∶Then 0→Z∶J→P∶
IfEnd∶IfEnd∶IfEnd∶IfEnd↵
"V=":H−CP+ZF(T−AbS(C))²÷(2R)→V▰        (路面层中桩高程)
"K=":V+SE▰                              (路面层与中桩同一横断面的边桩高程)
"N"? →N∶"M"? →M↵
"G=":V−N→G▰                            (施工层面的中桩高程)
"U=":G+ME▰                            (施工层面与中桩同一横断面的边桩高程)
Goto  1
```

程序中：H? ——变坡点高程；

B? ——变坡点桩号；

R? ——竖曲线半径；

I? ——前纵坡坡度，输入时带符号；

J? ——后纵坡坡度，输入时带符号；

T ——竖曲线切线长，若要显示，加▲；

A= ——竖曲线起点桩号；

D= ——竖曲线终点桩号；

L? ——计算范围内任一点的桩号；

S? ——路面层边距（中桩至边桩间距离）；

E? ——路面横坡度，也叫路拱，输入时带符号，例如 $E=-0.02$；

V= ——路面中桩设计高程；

K= ——路面与中桩同一横断面的边桩的设计高程；

N? ——路面层至各施工层的厚度，例如路面层至路基的厚度 $N=0.77$；

M? ——施工层的边桩；

G= ——施工层中桩的设计高程；

U= ——施工层边桩的设计高程。

3）程序功能及注意事项

（1）计算范围。图 2-1 为×××公路路线纵断面图上一段施工线路设计示意图。图上有三个竖曲线，称为前竖曲线、本竖曲线（或称中间竖曲线）和后竖曲线。假定以本竖曲线变坡点里程桩号 K251+610 为起点，则向前可计算至前竖曲线的终点桩号 K251+364.68，向后可计算至后竖曲线的起点桩号 K251+818.00。即用直竖联算程序可计算的范围是：K251+364.68～K251+818.00，在这段范围内的直线、圆曲线、缓和曲线超高段、竖曲线上任意一点的中桩设计高程都可以计算。边桩高程除缓和超高段需另行计算外，其他直线、圆曲线、竖曲线亦可一并计算。

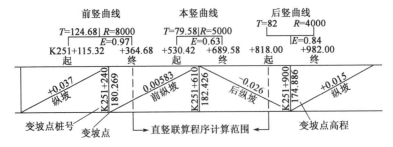

图 2-1　"直竖联算程序"计算范围示意图（尺寸单位：m）

概言之,直竖联算程序的计算范围是:公路线路前竖曲线终点桩号至后竖曲线起点桩号之间那一段线路上任意一点的中桩设计高程。

(2)计算时,以变坡点里程桩号及高程为起点,计算所需要素是该变坡点相邻两坡段的前纵坡度 I、后纵坡度 J 和变坡点所在竖曲线的半径 R。例如在图 2-1 中,用本竖曲线计算,其变坡点里程桩号是 K251+610,变坡点高程是 182.426,前纵坡度 $I=+0.00583$,后纵坡度 $J=-0.026$,竖曲线半径 $R=5000$。

(3) L 为计算范围内任意一点里程桩号,计算过程中,只要输入 L 的桩号,就可算出所需点的中桩高程。

(4)当 L 输入 0 时,计算自动中止,需重复输入起算要素:H,B,R,I,J 等。这一功能可帮助使用者检查输入的起算数据是否正确,或是进行下一个竖曲线计算时,不需再重新找寻文件名,方便操作。这是此程序的一个特点。

(5)本程序在计算中桩设计高程的同时,很容易且很方便地计算:

①与中桩同一横断面的左、右边桩高程。此时只要输入所需施工层的边距 S,M,路拱坡度 E 就可以了(不含缓和超高段的边桩高程);

②计算出路面各结构层的中桩、边桩高程。此时只要输入各结构层至路面层的厚度 N 就可以了。例如路基至路面层厚度为 0.77,输入:$N=0.77$,则计算的结果就是路基的设计高程。

由于公路建设是分层施工的,而设计单位提供的是路面设计高程,施工单位所需要的却是本施工层的设计高程。所以程序追加的这一功能,就能很方便、准确地计算出所需设计高程(放样数据)。这是此程序的又一特点。

(6)对于缓和曲线超高段,用本程序只能计算其中桩设计高程,左、右边桩设计高程则需另外计算,这一点应特别注意。

2.2.2 线路全线任意一点高程计算程序——线路高程计算全线通程序

前述直竖联算程序(ZFLS),只能计算一个竖曲线计算范围内那一段任意一点的中边桩高程,不能计算另一个竖曲线。要计算另一个竖曲线计算范围内任意一点的设计高程,则要重新启动计算器,重新输入另一个竖曲线的起算数据。这在现场使用时显得较麻烦,不方便。为了改变这一状况,作者潜心研究出多个变坡点的竖曲线连续计算一个施工标段线路上随机任一横断面的中、边桩高程计算程序,定名为"线路高程计算全线通程序"。现将这一程序详述如下。

1)文件名:XLGZTS(线路高程通算)

2)程序清单

```
Lbl 0 ↵
"L"? →L:"N"? →N:"S"? →S:"M"? →M:"E"? →E ↵
If L<59934.32:Then 59800→B:41.0→H:15000→R:−2.09÷100→I:0.7÷100→J:
IfEnd ↵
If L>59934.32:Then 60600→B:46.6→H:60000→R:0.7÷100→I:−0.4÷100→J:
IfEnd ↵
If L>60930.00:Then 61400→B:43.4→H:32000→R:−0.4÷100→I:0.7667÷100→
J:IfEnd ↵
If L>61586.67:Then 62000→B:48.0→H:28000→R:0.7667÷100→I:1.9797÷100→J:
IfEnd ↵
AbS(tan⁻¹(I)−tan⁻¹(J))→Z ↵
Rtan(Z÷2)→T ↵
1→F ↵
I>J⇒−1→F ↵
If L<B−T:Then B−L→C:0→Z:I→P:H−CP+ZF(T−AbS(C))²÷(2R)→V:V+
SE→K:V−N→G:G+ME→U:"V=":V ◣
"K=":K ◣
"G=":G ◣
"U=":U ◣
Else If L<B:Then B−L→C:1→Z:I→P:H−CP+ZF(T−AbS(C))²÷(2R)→V:V+
SE→K:V−N→G:G+ME→U:"V=":V ◣
"K=":K ◣
"G=":G ◣
"U=":U ◣
Else If L<B+T:Then B−L→C:1→Z:J→P:H−CP+ZF(T−AbS(C))²÷(2R)→V:
V+SE→K:V−N→G:G+ME→U:"V=":V ◣
"K=":K ◣
"G=":G ◣
"U=":U ◣
Else If L>B+T:The B−L→C:0→Z:J→P:H−CP+ZF(T−AbS(C))²÷(2R)→V:
V+SE→K:V−N→G:G+ME→U:"V=":V ◣
"K=":K ◣
"G=":G ◣
"U=":U ◣
IfEnd:IfEnd:IfEnd:IfEnd ↵
Goto 0
```

程序中：$L^?$——一个施工标段线路上任意横断面中桩桩号，即所求点桩号；

$N^?$——线路横断面结构层厚度，即路面层至施工层厚度，如路面层至路基的厚度；

$S^?$ ——路面层 L 至左、右边桩距离。即路面层边距；

$M^?$ ——施工层 L 至左、右边桩距离。即施工层边距；

$E^?$ ——线路横断面坡度，习惯上称为路拱，输入时输入$-E$，如-0.02；

B——竖曲线变坡点桩号；

H——竖曲线变坡点高程；

R——竖曲线半径；

I——竖曲线前纵坡坡度，输入时带符号；

J——竖曲线后纵坡坡度，输入时带符号；

$V=$——路面层中桩设计高程；

$K=$——路面层边桩设计高程；

$G=$——施工层中桩设计高程；

$U=$——施工层边桩设计高程。

3）程序功能及注意事项

（1）本程序可计算一个施工标段（例如该标段长 5km）线路上任意横断面的路面层及施工层的中、边桩的设计高程。

（2）本程序已知起算数据是一个施工标段内所有竖曲线要素：竖曲线变坡点里程桩号及高程，竖曲线起点、终点里程桩号，前、后纵坡坡度，竖曲线半径。

（3）程序中"N"是路面层至各施工层的厚度。已知"N"，就可算出本施工段的各层（基层、垫层、路基等）的设计高程。

（4）本程序输入方法和技巧如下，见图 2-2。

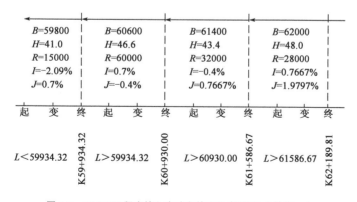

图 2-2　XLGZTS 程序输入方法和技巧示意图（尺寸单位：m）

If 所求点桩号 $L<$（或$>$）竖曲线终点的桩号：Then 竖曲线变坡点桩号$\rightarrow B$：竖曲线变坡点高程$\rightarrow H$：竖曲线半径$\rightarrow R$：前纵坡$\rightarrow I$：后纵坡$\rightarrow J$：IfEnd ↵

......

逐次继续输入,至最后一个竖曲线↵

(5)程序执行中,只要输入路面层边距 S 和路拱 E,就可很方便、快捷地算出路面层边桩设计高程;输入施工层的边距和路拱 E,就可很方便、快捷地算出施工层边桩的设计高程。

2.3 线路高程计算通用程序执行前的准备工作

公路施工从开工到竣工,是分阶段、分层施工的。实践中,施工顺序是由下而上逐层施工的,其由下而上的顺序是:

路基施工→底基层施工→基层施工→面层施工

这几层施工中,路基施工是关键。只要路基的平面位置及高程位置,经检验满足了设计及规范要求,其余上面几层都是在路基上加高而已。

因此,现场测量员既要能控制好线路的平面位置,又要能控制好线路的高程位置。这就要求现场测量员,不但能熟练地操作全站仪、水准仪,而且在现场能迅速地、准确地计算出施工段每分层每个放样点的坐标和设计高程,并将其准确地放样到实地,指导施工队伍填、挖和摊铺。

现场施工中,设计单位提供的设计高程,只是线路路面层纵向每隔 20m 或 25m 的中桩设计高程,而施工现场则要求每一分层、每一横断面必须放出左、中、右桩位的设计高程。这就要求现场测量员要事先准备好这些设计高程数据。

实践中,作者推荐用直竖联算法计算施工段每分层的设计高程。

用直竖联算程序计算线路每一分层、每一横断面左、中、右桩设计高程时,应事先做好下述准备工作。

2.3.1 收集并复印资料

(1)路面横断面结构示意图(图 2-3)。

(2)路线纵断面图(图 2-4)。

(3)路基横断面图(图 2-5)。

(4)路基设计参数表(表 2-1)。

(5)纵坡、竖曲线参数表(表 2-2)。

2.3.2 全面熟悉设计图表并掌握要点

(1)线路设计的中线纵向高低起伏情况:

①直线及平曲线段起点、终点桩号;

②竖曲线起点、终点桩号，全线中竖曲线个数；

③超高段起点、终点桩号，全线中超高段个数。

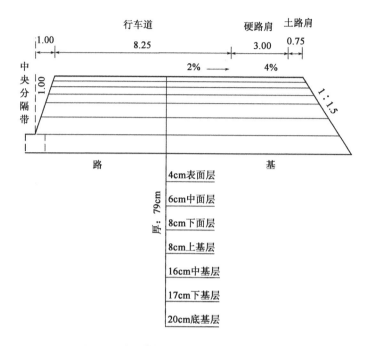

图 2-3 路面横断面结构示意图(尺寸单位：m)

(2)线路中线原地形高低起伏情况：

①填方段起点、终点桩号；

②挖方段起点、终点桩号；

③半填半挖段起点、终点桩号。

(3)线路中线里程桩号及相应的地面高程、设计高程、填挖高度。

(4)线路横断面路面左、右幅宽度，中央分隔带宽度，边坡坡度比，路面横坡度。

(5)竖曲线形式(凹或凸)、竖曲线要素：

①变坡点里程桩号及高程；

②前纵坡坡度及后纵坡坡度；

③竖曲线半径；

④竖曲线切线长度。

(6)超高段的超高方式：绕中轴旋转还是绕边轴旋转；超高段弯道的要素：半径、转向、缓和段长度、全超高长度等。

(7)路面以下各结构层的填料及其厚度。

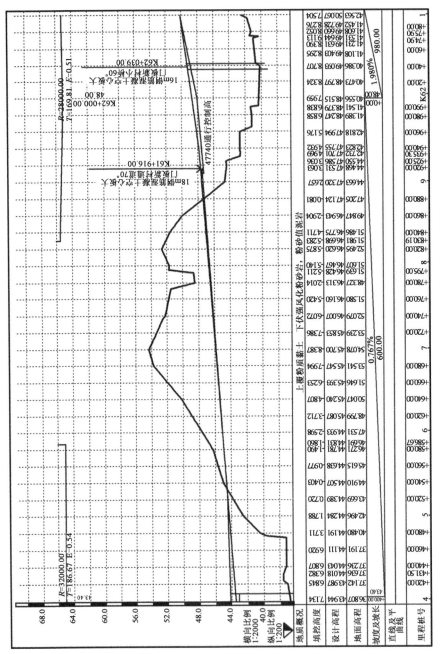

图 2-4 路线纵断面（尺寸单位：m）

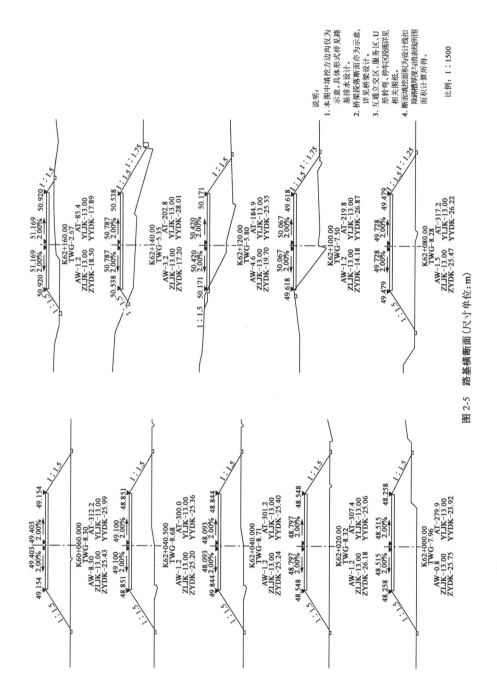

图 2-5 路基横断面 (尺寸单位: m)

路 基 设 计 参 数

表 2-1

桩号	平曲线		变坡点高程桩号及纵坡坡度、坡长	竖曲线		地面高程	设计高程	填挖高度(m)		路基宽(m) 左路幅				中央分隔带	右路幅			右路幅	路基各特征点与设计高的高差(m) 左路幅			右路幅			备注
1	左 2	右 3	4	左 5	右 6	7	8	填 9	挖 10	左路幅 11	W1 12	W2 13	W3 14	15	W3 16	W2 17	W1 18	19	B1 20	B2 21	B3 22	A3 23	A2 24	A1 25	26
K62+100.000				$I=1.980\%$ $R=5800.000$ $T=169.810$ $E=-0.515$		42.56	50.07	7.504		12.00	0.75	3.00	8.25	2.00	8.25	3.00	0.75	12.00	-0.249	-0.225	-0.165	-0.165	-0.225	-0.249	
+120.000						44.62	50.42	5.804		12.00	0.75	3.00	8.25	2.00	8.25	3.00	0.75	12.00	-0.249	-0.225	-0.165	-0.165	-0.225	-0.249	
+140.000						45.44	50.79	5.350		12.00	0.75	3.00	8.25	2.00	8.25	3.00	0.75	12.00	-0.249	-0.225	-0.165	-0.165	-0.225	-0.249	
+160.000						48.50	51.17	2.669		12.00	0.75	3.00	8.25	2.00	8.25	3.00	0.75	12.00	-0.249	-0.225	-0.165	-0.165	-0.225	-0.249	
+180.000						50.51	51.563	1.055		12.00	0.75	3.00	8.25	2.00	8.25	3.00	0.75	12.00	-0.249	-0.225	-0.165	-0.165	-0.225	-0.249	
+200.000					+169.810	52.11	51.959		0.153	12.00	0.75	3.00	8.25	2.00	8.25	3.00	0.75	12.00	-0.249	-0.225	-0.165	-0.165	-0.225	-0.249	
+220.000						50.71	52.355	1.649		12.00	0.75	3.00	8.25	2.00	8.25	3.00	0.75	12.00	-0.249	-0.225	-0.165	-0.165	-0.225	-0.249	
+240.000						44.52	52.751	8.232		12.00	0.75	3.00	8.25	2.00	8.25	3.00	0.75	12.00	-0.249	-0.225	-0.165	-0.165	-0.225	-0.249	
+260.000			$L=980.000$			44.42	53.147	8.728		12.00	0.75	3.00	8.25	2.00	8.25	3.00	0.75	12.00	-0.249	-0.225	-0.165	-0.165	-0.225	-0.249	
+280.000			JD13 $E=F£\%$ 5500.000 <1-ra $=0.000$ <1-ra $=0.000$			44.77	53.542	8.771		12.00	0.75	3.00	8.25	2.00	8.25	3.00	0.75	12.00	-0.249	-0.225	-0.165	-0.165	-0.225	-0.249	
+300.000						45.21	53.94	8.733		12.00	0.75	3.00	8.25	2.00	8.25	3.00	0.75	12.00	-0.249	-0.225	-0.165	-0.165	-0.225	-0.249	
+320.000						46.17	54.33	8.164		12.00	0.75	3.00	8.25	2.00	8.25	3.00	0.75	12.00	-0.249	-0.225	-0.165	-0.165	-0.225	-0.249	
+340.000						47.63	54.73	7.104		12.00	0.75	3.00	8.25	2.00	8.25	3.00	0.75	12.00	-0.249	-0.225	-0.165	-0.165	-0.225	-0.249	
+360.000						50.43	55.13	4.697		12.00	0.75	3.00	8.25	2.00	8.25	3.00	0.75	12.00	-0.249	-0.225	-0.165	-0.165	-0.225	-0.249	
+380.000						52.76	55.52	2.765		12.00	0.75	3.00	8.25	2.00	8.25	3.00	0.75	12.00	-0.249	-0.225	-0.165	-0.165	-0.225	-0.249	
+400.000						54.07	55.92	1.847		12.00	0.75	3.00	8.25	2.00	8.25	3.00	0.75	12.00	-0.249	-0.225	-0.165	-0.165	-0.225	-0.249	
+420.000						56.22	56.31	0.092		12.00	0.75	3.00	8.25	2.00	8.25	3.00	0.75	12.00	-0.249	-0.225	-0.165	-0.165	-0.225	-0.249	
+440.000						56.06	56.71	0.651		12.00	0.75	3.00	8.25	2.00	8.25	3.00	0.75	12.00	-0.249	-0.225	-0.165	-0.165	-0.225	-0.249	

桩号	平曲线		变坡点高程桩号及纵坡度、坡长	竖曲线		地面高程	设计高程	填挖高度 (m)		路基宽(m)									路基各特征点与设计高的高差(m)						备注
	左	右		左	右			填	挖	左路幅	左路幅 W1	左路幅 W2	左路幅 W3	中央 分隔带	右路幅 W3	右路幅 W2	右路幅 W1	右路幅	左路幅 B1	左路幅 B2	左路幅 B3	右路幅 A3	右路幅 A2	右路幅 A1	
1	2	3	4	5	6	7	8	9	10	11	12	13	14	15	16	17	18	19	20	21	22	23	24	25	26
+460.000						55.83	57.11	1.278		12.00	0.75	3.00	8.25	2.00	8.25	3.00	0.75	12.00	-0.249	-0.225	-0.165	-0.165	-0.225	-0.249	
+480.000	JD13 E"R式		%‰	+512.048		54.52	57.50	2.982		12.00	0.75	3.00	8.25	2.00	8.25	3.00	0.75	12.00	-0.249	-0.225	-0.165	-0.165	-0.225	-0.249	
+500.000			<1.ra 5500.000			50.18	57.90	7.719		12.00	0.75	3.00	8.25	2.00	8.25	3.00	0.75	12.00	-0.249	-0.225	-0.165	-0.165	-0.225	-0.249	
+520.000						50.18	58.29	0.133		12.00	0.75	3.00	8.25	2.00	8.25	3.00	0.75	12.00	-0.249	-0.225	-0.165	-0.165	-0.225	-0.249	
+540.000			L= 980.000 0.000	R= 22000.000 T= 487.951 E= 4.977		62.55	58.67		3.87	12.00	0.75	3.00	8.25	2.00	8.25	3.00	0.75	12.00	-0.249	-0.225	-0.165	-0.165	-0.225	-0.249	
+560.000			<1.ra 0.000			66.42	59.03		7.389	12.00	0.75	3.00	8.25	2.00	8.25	3.00	0.75	12.00	-0.249	-0.225	-0.165	-0.165	-0.225	-0.249	
+580.000						69.00	59.38		7.389	12.00	0.75	3.00	8.25	2.00	8.25	3.00	0.75	12.00	-0.249	-0.225	-0.165	-0.165	-0.225	-0.249	
K62+600.000						67.65	59.79		7.949	12.00	0.75	3.00	8.25	2.00	8.25	3.00	0.75	12.00	-0.249	-0.225	-0.165	-0.165	-0.225	-0.249	

$W1$、$W2$、$W3$分别为土路肩、硬路肩、行车道宽度;$B1(A1)$、$B2(A2)$、$B3(A3)$分别为对应左(右)侧土路肩、硬路肩、行车道外侧各点与设计高之高差;立交区、服务区、停车区、U形转弯等路段详见相关图纸。

纵 坡 、 竖 曲 线 表

表2-2

序号	变坡点桩号	高程(m)	纵坡(%)	坡长(m)	坡差(%)	半径(凸)	半径(凹)	竖曲线要素及曲线位置					直坡段长(m)	备注
								T	L	E	起点	终点		
1	K59+250.00	47.000	-1.0909	550.000									415.682	
2	K59+800.00	41.000	0.7000	800.000	1.7909		15000.000	134.318	268.636	0.601	K59+665.69	K59+934.32	335.682	
3	K60+600.00	46.600	-0.4000	800.000	-1.1000	60000.000		330.000	650.000	0.906	K60+270.00	K60+930.000	283.333	
4	K61+400.00	43.400	0.7667	600.000	1.1667		32000.000	186.667	373.333	0.544	K61+213.33	K61+586.67	243.524	
5	K62+0.00	48.000	1.9796	960.000	1.2129		28000.000	169.810	339.619	0.515	K61+830.19	K62+169.81	342.239	
6	K62+980.00	57.400	-2.2745	1020.000	-4.2541	22000.000		467.951	935.902	4.977	K62+512.05	K63+447.95	368.778	
7	K64+0.00	44.200	0.7800	1000.000	3.0545		12000.000	183.271	366.541	1.400	K63+816.73	K64+183.27	514.744	
8	K65+0.00	52.000	-0.7299	685.000	-1.5099	40000.000		301.985	603.971	1.140	K64+698.01	K65+301.99	259.606	
9	K65+685.00	47.00	0.5691	615.000	1.2990		19000.000	123.406	246.816	0.401	K65+561.59	K65+808.41	167.960	
10	K66+300.0	50.500	-0.3556	900.000	-0.9247	70000.000		323.631	647.263	0.748	K65+976.37	K66+623.63	365.257	
11	K67+200.00	47.300	0.7000	600.000	1.0556		40000.000	211.111	422.222	0.557	K66+988.89	K67+411.11	142.489	
12	K67+800.00	51.500	-2.3800	500.000	-3.0800	16000.000		246.400	492.800	1.897	K67+553.60	K68+46.40	0.000	
13	K68+300.00	39.600	1.4290	780.000	3.8090		13315.920	253.600	507.200	2.415	K68+46.40	K68+553.60	225.641	
14	K69+80.00	50.746	-2.0607	570.000	-3.4897	17237.077		300.759	601.518	2.624	K68+779.24	K69+380.76	269.241	
15	K69+650.00	39.000												
	B4合同段 K59+500~K68+100													

序号	变坡点桩号	高程(m)	纵坡(%)	坡长(m)	竖曲线要素及竖曲线位置								直坡段长(m)	备注
					坡差(%)	半径(凸)	半径(凹)	T	L	E	起点	终点		

江西省交通厅 德兴至南昌高速公路项目建设办公室	江西省德兴至南昌高速公路新建工程 第二篇 第B4合同段	纵坡、竖曲线表	中国公路工程咨询集团有限公司
		日期	
		图号	S2-5-1

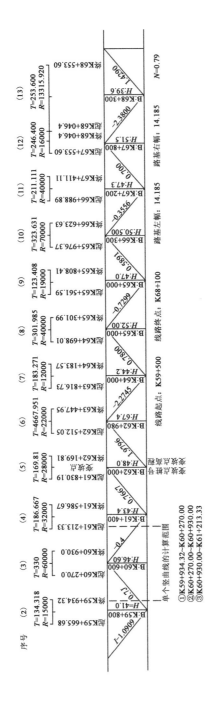

图 2-6 直竖联算程序计算路线路任一点高程示意图 (尺寸单位:m)

2.3.3 绘制线路竖曲线相邻纵坡段连接示意图

竖曲线相邻纵坡段连接示意图,也叫直竖联算程序计算示意图(图 2-6)。此图是作者设计,推荐给读者使用,它将是您计算线路设计高程的得力助手。

现场测量员凭此图,可方便、迅速、准确地计算施工段每施工层任一横断面的左、中、右桩的设计高程。

2.4 高程计算通用程序计算线路施工层任意横断面中、边桩高程实操案例

2.4.1 单一竖曲线通用程序计算线路施工层任意横断面中、边桩高程实操案例

1)案例背景

本案例选自江西省德兴至南昌高速公路新建工程第 B4 合同段路基施工的路基设计高程计算。

路基起点:K59+500;

路基终点:K68+100;

路基全长:8600m;

路基左幅宽:14.185m;

路基右幅宽:14.185m;

路面层至路基厚度:0.79m;

路面横坡度:-0.02。

设计单位提供的纵坡、竖曲线参数表(表 2-2)中提供了 13 个竖曲线。该标段可用 12 个竖曲线。

根据纵坡、竖曲线表绘制直竖联算程序计算示意图(图 2-6)。

2)准备工作

参阅 2.3。现场测放设计高程时,还应准备施工段的水准点成果表。

3)内业计算路基逐桩设计高程

现场测量员接受路基高程控制任务后,应事先在内业核算设计单位提供的路基设计参数或路线纵断面图上的逐桩设计高程,同时应计算出路基宽度、路面层至路基的厚度,并据此计算出路基各横断面的中、边桩的设计高程。

计算的路基逐桩设计高程,应抄录在自己编制的路基逐桩设计高程表上,见表 2-3,根据此表中的设计高程与路基放样实测的工作面高程,可很方便、快捷地计算出路基填、挖高度。

桩　　号		$H_左(M=14.185)$ （m）	$H_中$ （m）	$H_右(M=14.185)$ （m）	备　　　注
前直线段 ↑	K61+600	43.860	44.143	43.860	
	⋮	⋮	⋮	⋮	
	K61+700	44.626	44.910	44.626	
	⋮	⋮	⋮	⋮	
	K61+820	45.546	45.830	45.546	序号(5)竖曲线
本竖曲线段	K61+840	45.701	45.985	45.701	1.变坡点高程：$H=48.000$;
	⋮	⋮	⋮	⋮	2.变坡点桩号：$B=62000$;
	K62+000	47.441	47.725	47.441	3.竖曲线半径：$R=28000$;
	⋮	⋮	⋮	⋮	4.前纵坡：$I=0.7667\div100$;
	K62+160	50.095	50.379	50.095	5.后纵坡：$J=1.9796\div100$;
后直线段 ↓	K62+180	50.490	50.773	50.490	6.路面层至路基厚：$N=0.79$;
	⋮	⋮	⋮	⋮	7.路基半幅宽：$M=14.185$;
	K62+260	52.073	52.357	52.073	8.路拱：$E=-0.02$;
	⋮	⋮	⋮	⋮	9.路面半幅宽：$S=13.000$
	K62+480	56.428	56.712	56.428	
	K62+500	56.824	57.108	56.824	

4)直竖联算程序的执行

ZFLS程序执行操作计算结果见表 2-3 中桩号栏及 $H_左$、$H_中$、$H_右$ 栏。

算例起算数据见图 2-6 中序号(5)及表 2-3 中备注栏。

(1)确定计算范围。该施工段是 K59+500～K68+100,全长 8600m,该线路上设置了 12 个竖曲线。利用 *fx*-5800/9750 计算器 ZFLS程序(一个竖曲线联算程序)计算该段路基逐桩设计高程时,必须确定每一个竖曲线各自的计算范围,参阅图 2-6。

①12 个变坡点各自的桩号及高程;

②12 个竖曲线各自的起点桩号及终点桩号,以及各自的要素;

③12 个竖曲线各自的计算范围,如序号(2)、(3)、(4)的计算范围:

序号(2)的计算范围:K59+ 500～K60+270.00

序号(3)的计算范围:K59+934.32～K61+213.33

序号(4)的计算范围:K60+930.00～K61+830.19

这三个竖曲线,有两段重复计算,它们是:

K59+934.32～K60+270.00

K60+930.00～K61+213.33

利用此重复计算,可校核计算成果是否正确,以保证计算质量。如计算 K60＋000,用序号(2)和序号(3)都可计算其高程,利用两次计算较差,可检查计算精度。

(2)计算路基施工设计高程,必须事先计算出:

①路面层至路基的厚度,本例中 $N=0.79$m(图 2-3);

②路基宽度(图 2-3),本例中 $M=(1.00＋8.25＋3.00＋0.75)＋0.79×1.5=14.185$;

③路基横坡度(图 2-3),本例中 $E=-0.02$。

(3)程序执行操作步骤(以序号(5)竖曲线为例,用 $fx-5800$):

①按 AC 键,开机,清除上次关机时屏幕保留的内容。

②按 FILE ▼ ▲ 键,选择文件名:ZFLS。

若程序较多,可先按 FILE 键,接着按程序文件名的第一个英文字母键,再按 ▼ 键,选择文件名。

③按 EXE 键,按照屏幕提示,逐次输入:

显示 H? 输入变坡点高程:48.0;

显示 B? 输入变坡点桩号:62000;

显示 R? 输入竖曲线半径:28000;

显示 I? 输入前纵坡坡度:0.7667÷100;

显示 J? 输入后纵坡坡度:1.9796÷100。

至此,程序的常量,即起算数据输入完成。在输入上述 I?、J? 时,应带符号。下面程序显示计算部分。

④按 EXE 键,屏幕逐次显示:

$A=61830.226$(竖曲线起点桩号)

$D=62169.774$(竖曲线终点桩号)

注意:竖曲线起、终点桩号在"纵坡、竖曲线表"中,设计者已提供,不需计算。程序中之所以设计为显示,是为了校核设计者提供的数据。若要不显示,可将该语句后的"▲"符号,换成"↵"即可。以下计算线路上任一点桩号的设计高程。

⑤按 EXE 键,按照屏幕提示,逐次输入:

显示 L? 输入所求点桩号:61840;

显示 S? 输入路面边距:13.000;

显示 E? 输入路拱:-0.02。

至此,计算路面高程的变量输入完成。下面程序显示计算部分。

⑥按 EXE 键,屏幕逐次显示:

$V=46.775$(路面层 K61+840 中桩设计高程,可与图 2-4 路面设计高程比较)

$K=46.515$(路面层 K61+840 横断面,左、右边桩设计高程)

至此,路面中、边桩设计高程计算完成。下面计算施工层路基的中、边桩高程。

⑦按 $\boxed{\text{EXE}}$ 键,按照屏幕提示,逐次输入:

显示 N? 输入路面层至施工层厚度,本例计算路基,N? 输入:0.79;

显示 M? 输入路基边距:14.185;

至此,计算路基高程的变量输入完成。下面程序显示计算部分。

⑧按 $\boxed{\text{EXE}}$ 键,屏幕逐次显示:

$G=45.985$(K61+840 中桩设计高程,见表 2-3)。

$U=45.701$(K61+840 横断面的左、右边桩设计高程,见表 2-3。一般情况下,左、右边距相等,故左、右桩设计高程相等)。

至此,K61+840 横断面的路面、路基的中、边桩设计高程计算完成。

以下按 $\boxed{\text{EXE}}$ 键,继续计算。只要给 L? 输入一个所求点桩号,给 S?、E?、N?、M? 输入相应的数据,就可计算出该桩号的 $V=$、$K=$、$G=$ 和 $U=$ 值。直到将这个竖曲线计算范围内的设计高程计算完成。若要计算另一个竖曲线,只要给 L? 输入 0,则屏幕提示继续操作下去。

2.4.2 线路高程计算全线通程序计算线路施工层任意横断面中、边桩设计高程实操案例

1)案例背景

同本节"一、""(一)"ZFLS 程序计算的案例。

2)准备工作

参阅 2.3 节

3)程序执行

由于 XLGZTS 程序已把线路全段所有竖曲线要素都输入到计算器里,如本例中图 2-6 的序号(2)、序号(3)、序号(4)……序号(13)竖曲线的起算要素 H、B、R、I、J 已全都输入计算器数据库中,故在程序执行时,不需要重新输入这些常量,只要按屏幕提示输入全线路任意一横断面的 L?、N?、S?、M?、E?,即可计算出该横断面的 $V=$、$K=$、$G=$、$U=$,非常快捷方便。

如要计算表 2-3 中的 K61+840 横断面的中、边桩设计高程,只要按下述方法操作就行了:

(1)按 $\boxed{\text{AC}}$ 键,开机,清除上次关机时屏幕上保留的内容。

（2）按 $\boxed{\text{FILE}}$ 键,然后按文件名第一个英文字母,再按 $\boxed{\blacktriangledown}$ 键,选择文件名：XLGZTS。

（3）按 $\boxed{\text{EXE}}$ 键,按照屏幕提示,逐次输入：

显示 L? 输入所求点桩号：61840;

显示 N? 输入路面层到路基厚度：0.79;

显示 S? 输入路面层边距：13.000;

显示 M 输入施工层路基中桩至边桩距离：14.185;

显示 E? 输入路面横坡度：-0.02。

则,计算结果,显示：

$V = 46.775$	（路面层 L 横断面中桩设计高程）
$K = 46.515$	（路面层 L 的左、右边桩设计高程）
$G = 45.985$	（L 横断面路基中桩设计高程）
$U = 45.701$	（L 横断面路基边桩设计高程）

2.5　线路弯道超高段设计高程计算程序

2.5.1　线路弯道超高段设计高程计算概述

弯道超高的概念示意图见图 2-7。

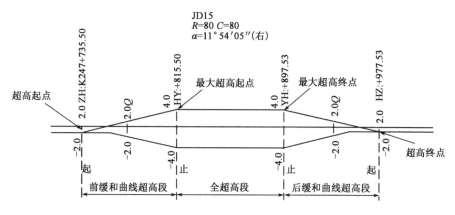

图 2-7　"线路纵断面图"上的弯道超高示意图

由图 2-7 可知,弯道超高由下述三段组成：

（1）前缓和曲线超高段：直缓（ZH）至缓圆（HY）段。

（2）全超高段：也叫最大超高段,其超高横坡度是设定的,即是已知的。全超

73

高设置在主曲线内,主曲线是缓圆(HY)至圆缓(YH)段。

(3)后缓和曲线超高段:圆缓(YH)至缓直(HZ)段。

弯道超高的形式有:

①绕中轴旋转,有加宽和不加宽两种。

②绕边轴旋转,有加宽和不加宽两种。

公路施工实践中,设计单位提供的弯道超高多是绕中轴旋转。

由于弯道设置了超高,路面明显向一侧倾斜。弯道超高段的抬高边,其超高横坡度由路拱坡度逐渐变大至设定的最大超高横坡度,经由全超高段,再逐渐变小至路拱坡度。弯道超高段的降低边,其超高横坡度由路拱坡度逐渐变小至设定的最小超高横坡度,经由全超高段,再逐渐变至路拱坡度。

通常情况下,设计单位提供的"线路纵断面图"上,只给出了弯道超高段的中桩设计高程,没有提供与中桩同一横断面的左、右边桩,即抬高边、降低边的高程。这就要求现场测量员,能够根据中桩设计高程、中桩至边桩的距离,以及弯道倾斜面的横坡度,计算出边桩的设计高程。但是,弯道超高段倾斜面的横坡度,设计单位并未提供,这就要求现场测量员,能够计算出弯道超高段的逐桩横坡度。

2.5.2 弯道超高段任意横断面横坡度及设计高程计算程序

1)绕中轴旋转的超高横坡度、加宽值及边桩设计高程计算程序 I

(1)文件名:ZZCGHDJS(中轴超高横坡度计算)

(2)程序清单

```
Lbl  0  ↵
"F"? →F:"E"? →E:"M"? →M:"B"? →B:
"D"? →D:"C"? →C:"A"? →A:"P"? →P↵
Lbl  1  ↵
"U"? →U↵
U≤0⇒Goto 0 ↵
AbS(U－A)→X↵
"Q=":2E÷(E+D)C→Q↵
"V=":P÷C×X→V◣
"HW=":M(F－E)+(M+B÷2)(E+D)(X÷C)→W◣
"HZ=":MF+(B÷2)E→Z◣
If X≤Q:Then "HN1=":MF－(M+V)E→N◣
Else If X≥Q:Then "HN2=":MF+(B÷2)E－
(M+B÷2+V)(X÷C)D→N◣
IfEnd:IfEnd↵
```

```
"I=":(W-Z)÷(B÷2+M)→I ◢
"H"? →H ↵
If I≤E:Then "HG=":H+I(B÷2+M) ◢
"HD=":H-E(B÷2+M+V) ◢
Ekse If I≥E Then "HG=":H+I(B÷2+M) ◢
"HD=":H-I(B÷2+M+V) ◢
IfEnd:IfEnd ↵
Goto 1
```

程序中:F? ——路肩坡度,输入时取正值;

E? ——路拱坡度,输入时取正值;

M? ——路肩宽度;

B? ——路基宽度(不含路肩宽);

D? ——设定的最大超高横坡度(输入时取正值);

C? ——超高缓和段长度;

A? ——超高缓和段起点(或终点)的桩号;

P? ——路基最大加宽值;

U? ——超高缓和段上任一点(即所求点)的桩号;

X——U 至 A 的距离;

Q——与路拱同坡度的单向超高点至超高缓和段起点的距离;

V=——U 点的加宽值;

HW=——U 点路基外缘抬高值;

HZ=——U 点路基中线抬高值;

HN1=——当 $X≤Q$ 时,U 点路基内缘降低值;

HN2=——当 $X≥Q$ 时,U 点路基内缘降低值;

H? ——路基 U 点的中桩设计高程,应事先用 ZFLS 程序算出;

I=——U 点横断面的超高横坡度;

HG——U 点路基外缘抬高处的边桩的设计高程;

HD——U 点路基内缘降低处的边桩的设计高程。

(3)程序功能及注意事项

①本程序可计算绕中轴旋转的超高缓和段起点、终点至全超高段(圆曲线段)的起点、终点间任一所求点处的外缘、路中、内缘的抬高值及该横断面的超高横坡度及左、右边桩的设计高程。

②不计算全超高段内(圆曲线段)的超高横坡度及左、右边桩的设计高程。此段超高横坡度是设定的已知值,边桩高程可据此以及中桩设计高程、中桩至边

桩的距离,另行计算。

③当前缓和超高段(超高起点至最大超高起点),计算完成,只要给 $U^?$ 输入 0 或小于 0 的数,程序自动要求重新输入:$F^?$、$E^?$、$M^?$、$B^?$、$D^?$、$C^?$、$A^?$、$P^?$,此时只要输入后缓和超高段(超高终点至最大超高终点)有关数据即可(实际输入时只是 $A^?$ 要输入后缓和超高段的终点的桩号,其余的 $F^?$、$E^?$、$M^?$、$B^?$、$D^?$、$C^?$、$P^?$ 输入同前)。

④计算的超高横坡度 I 的取用按下法确定:

a.抬高边 I 值,按实际计算值取用,例如,计算值为 -0.0166,则 $I=-0.0166$;计算值为 $+0.0284$,则 $I=+0.0284$。

b.降低边 I 为负值,当 I 的计算值(绝对值)小于路拱坡度时,设置等于路拱坡度的超高。例如,I 计算值为 -0.0166,则 $0.0166<0.02$,设置 $I=-0.02$;当 I 的计算值大于路拱坡度时,按计算值设置,例如,I 计算值为 -0.0284,设置 $I=-0.0284$。

⑤超高缓和段的中桩设计高程,应在计算 I 前,用前述直竖联算程序逐桩算出。必须注意,在计算出 I 值后,应输入 I 断面的中桩设计高程,才能计算出边桩的设计高程。

⑥当计算不设加宽的缓和曲线超高横坡度时,应注意 $P^?$ 要输入 0。

⑦当将路肩宽计算在路基面宽内时,应视路肩坡度为路拱坡度,此时应给路肩宽 $M^?$ 输入 0,路肩坡度 $F^?$ 亦输入 0。

2)绕边轴旋转的超高横坡度、加宽值及边桩设计高程计算程序

(1)文件名:BZCGHDJS(边轴超高横坡度计算)

(2)程序清单

```
Lbl 0 ↵

"F"? →F:"E"? →E:"M"? →M:"B"? →B:

"D"? →D:"C"? →C:"A"? →A:"P"? →P↵

Lbl 1 ↵

"Q=":E÷D×C→Q↵     (临界面,此处设置为不显示,若显示,则将↵换成◢)

"U"? →U↵

U≤0⇒Goto 0 ↵

AbS(U−A)→X↵

"V=":P÷C×X→V◢

"HW=":M(F−E)+(ME+(M+B)D)(X÷C)→W◢

If X≤Q:Then "HZ=":MF+(B÷2)E→Z◢

"HN=":MF−(M+V)E◢

Else If X≥0:Then "MZ=":MF+(B÷2)(X÷C)D→Z◢

"HN=":MF−(M+V)(X÷C)D→N◢
```

```
IfEnd:IfEnd↵
"I=":(W−N)÷(B+2M+V)◢
"H"?→H↵
If I≤E:Then"HG=":H+I(B÷2+M)◢
"HD=":H−E(B÷2+M+V)◢
Else If I≥E:Then"HG=":H+I(B÷2+M)◢
"HD=":H−I(B÷2+M+V)
IfEnd:IfEnd↵
Goto 1
```

程序中:F? ——路肩坡度,输入正值;

E? ——路拱坡度,输入正值;

M? ——路肩宽度;

B? ——路基面宽度(不含路肩宽);

D? ——设定的最大超高横坡度,输入正值;

C? ——超高缓和段长度;

A? ——超高缓和段起点(或终点)的桩号;

P? ——路基最大加宽值;

U? ——超高缓和段上任一点(所求点)的桩号;

X——U 至 A 的距离;

Q——与路拱同坡度的单向超高点至超高段起点、终点的距离;

V=——X 距离处路基的加宽值;

HW=——X 距离处路基外缘抬高值;

HZ=——X 距离处路中线抬高值;

HN=——X 距离处路内缘降低值;

I=——X 距离处的横断面的超高横坡度;

H? ——路基所求点 U 的中桩设计高程;

HG——U 处横断面抬高点的设计高度;

HD——U 处横断面降低处的设计高程。

(3)程序功能及注意事项

本程序可计算绕边轴旋转的超高缓和曲线起点、终点至全超高段(圆曲线段)的起点、终点间任一所求点处外缘抬高值、路中抬高值及内缘降低值。并可计算所求点横断面的超高横坡度及左、右边桩的设计高程。

程序执行中的注意事项,与绕中轴旋转的超高计算相同。

3)绕中轴旋转的超高横坡度及边桩设计高程计算程序Ⅱ

上述介绍的绕中轴旋转的超高横坡度计算程序（ZZCGHDJSI 程序），是在计算出抬高值、降低值的基础上，再计算出超高横坡度的，然后再计算出边桩的设计高程。下面介绍一种不需计算抬高值及降低值，而能直接计算出超高横坡度及边桩设计高程的程序。

由于线路弯道超高很重要，为了避免由于计算错误而造成放样错误招致的施工返工现象发生，作者介绍两种方法计算同一超高点的设计高程，这样互相验算计算数据的正确性，从而保证弯道超高放样准确和工程施工精度。

线路施工实践中，读者可用这两个程序互相验算计算数据正确无误后再实地放样，这样可确保工程质量

（1）文件名：WDCGJSⅡ（弯道超高计算Ⅱ）

（2）程序清单

```
Lbl   0 ↵
"E"? →E:"D"? →D:"C"? →C:"A"? →A:"P"? →P↵
Lbl   1  ↵
"B"? →B↵
If B≤0:Then Goto 0:IfEnd↵
AbS(B−A)→K↵
"V=":P÷C×K→V ◢
K(E+D)÷C−E→I↵
"I=":I◢
If I≤E:Then Goto 2:
Else If I≤D:Then Goto 3:
IfEnd:IfEnd↵
Lbl   2 ↵
"H"? →H:"L"? →L↵
"M=":H−LE ◢
"N=":H+LI ◢
Goto 1 ↵
Lbl   3 ↵
"H"? →H:"L"? →L↵
"M=":H−LI ◢
"N=":H+LI ◢
Goto   1
```

程序中:E? ——线路路拱坡度,取正值;

D? ——全超高段设计的最大超高横坡度,取正值;

C? ——超高缓和段长度;

A? ——超高缓和段起点(ZH)或终点(HZ)的里程桩号;

P? ——弯道最大加宽值;

B? ——超高缓和段内任意一点的里程桩号;

H? ——B 横断面中桩设计高程,事先可用前述直竖联算程序算出;

L? ——超高段 B 横断面中桩至边桩距离;

V= ——B 横断面加宽值;

I= ——超高缓和段内 B 横断面的超高横坡度;

M= ——B 横断面降低边边桩高程;

N= ——B 横断面抬高边边桩高程。

(3)程序功能及注意事项

此程序可计算如下参数(绕中轴旋转):

①缓和曲线起点(ZH)至全超高段起点(HY)之间任意一横断面的超高横坡度及左、右边桩高程;

②缓和曲线终点(HZ)至全超高段终点(YH)之间任意一横断面的超高横坡度及左、右边桩高程;

③不计算全超高段(HY 至 YH)的超高横坡度及边桩高程,此段超高横坡度是设定的已知值,其边桩高程可据此及中桩高程、中桩至边桩的距离另外计算。

计算时,前缓和曲线超高段起点(ZH)的桩号为 A,后缓和曲线超高段终点(HZ)的桩号亦为 A。当前缓和曲线超高段的 I 计算至 HY 时,可转入计算后缓和曲线超高段的 I,此时则要重新输入 E?、D?、C?、A?、P?,只要给 B? 输入 0 就可转换过来,不需重新选择文件名。

计算的超高横坡度 I 的正负符号按下列方法确定:

①抬高边 I 为正值,按实际计算取用;

②降低边 I 为负值,当 I 的计算值小于路拱坡度时,设置等于路拱坡度的超高。

判断弯道抬高边、降低边的方法:

以偏角正负判断:在线路纵断面图下方的"超高方式"栏内给出了偏角正、负,据此判断弯道抬高边、降低边。

右偏角为"+",则弯道右低左高;

左偏角为"一",则弯道左低右高。

由于在曲线弯道处设置的超高路面明显向一侧倾斜,路基外缘抬高,路基内缘则降低,所以在计算缓和曲线内的超高横坡度应特别注意正、负号。

缓和曲线超高段的中桩设计高程,应在计算 I 前,用直竖联算程序逐桩算出。

缓和曲线超高段的边桩设计高程,必须在计算出 I 后,输入与边桩同横断面的中桩设计高程,才能算正确。这一点应特别注意。

2.5.3 弯道超高段任意横断面横坡度及设计高程计算实操案例

1)程序执行前的准备工作

(1)在线路纵断面图下方,"超高方式"栏收集本施工标段弯道超高方式资料。

(2)分析弯道超高资料,确定以下事项:

①超高段起点桩号;

②超高段终点桩号;

③前缓和曲线超高段起点、止点桩号及长度;

④后缓和曲线超高段起点、止点桩号及长度;

⑤全超高段起点、止点桩号及设计的最大超高横坡度及长度;

⑥弯道偏角,左偏,还是右偏;

⑦前后直线段路拱坡度;

⑧路肩坡度;

⑨最大加宽值;

⑩超高形式:绕中轴旋转,还是绕边轴旋转。据此选用程序。

2)案例及程序执行操作方法步骤

(1)绕中轴旋转案例

①案例背景

本案例选自广东省南雄至江西省大余梅岭路基施工中的一个弯道超高段,分析该弯道路基施工设计(见图 2-7)可知:

a.弯道超高起点(ZH)桩号:K247+735.50;

b.弯道超高终点(HZ)桩号:K247+977.53;

c.弯道超高段全长:977.53-735.50=242.03m;

d.弯道偏角 $\alpha = 11°54'05''$(右偏),由此知,该弯道右低左高,即右为降低边,左为抬高边;

e.弯道前缓和段起点桩号:K247+735.5,止点桩号:K247+815.50,前缓和段长度:80m;

f.弯道后缓和段起点桩号:K247+977.53,止点桩号:K247+897.53,后缓和段长度:80m;

g.弯道全超高段起点桩号:K247+815.50,止点桩号:K247+897.53,全超

高段长:82.03m;

  h.弯道全超高段最大超高横坡度设置为:±4.0%;

  i.弯道两侧为直线段,其路拱坡度设置为:−0.02;

  j.弯道段路基面宽15.50m,中桩至边桩距离7.75m。

②选用程序

这个案例是中轴旋转,可选用前述:fx-5800/9750计算器中轴超高横坡度ZZCGHDJS程序来计算。

③程序执行操作方法步骤(本例计算后缓和超高段)

  a.按 AC 键,开机,清除屏幕上次关机时保留的内容。

  b.搜寻文件名:ZZCGHDJS。

  c.按 EXE 键,按照屏幕提示输入。

  F? 输入路肩坡度,此例路基面宽15.5m(含路肩),故不考虑路肩坡度,输入:0.000;

  E? 输入路面坡度(路拱):0.02;

  M? 不考虑路肩宽,输入:0.000;

  B? 输入路基面宽(含路肩):15.50;

  D? 输入设定的最大超高横坡度:0.04;

  C? 输入超高缓和段长:80;

  A? 此例计算后缓和曲线超高段,输入起点桩号:977.53;

  P? 此例不加宽,输入:0.000。

至此,程序起算数据输入完成。以下只要给所求点桩号U输入计算段内任一桩号,就可计算出该点所在横断面的加宽值$V=$,外缘抬高值$HW=$,中桩抬高值$HZ=$,内缘降低值$HN=$和超高横坡度I。

  d.按 EXE 键,显示:U?,输入所求点桩号,此例计算K247+900横断面,U?输入900;以下按 EXE 键,就会显示:

$Q=53.333$ (所求点至临界面距离)

$V=0.000$ (所求点处加宽值)

$HW=0.451$ (外缘抬高值)

$HZ=0.155$ (中线抬高值)

$HN=-0.145$ (内缘降低值)

$I=0.03815$ (U点横断面超高横坡度,左高取用+0.03815,

           右低取用−0.03815。如果计算的I值小于0.02,

           抬高边按实际计算值取用,降低边设置为路拱坡度)

以下计算抬高边,降低边设计高程,只要给 $H^?$ 输入所求点 U 中桩设计高程,就可计算出边桩设计高程。

e. 按 $\boxed{\text{EXE}}$ 键,显示:$H^?$,输入 900 中桩预先计算的设计高程:181.045,以下按 $\boxed{\text{EXE}}$ 键,就会显示:

$HG=181.341$ （抬高边(本例是左边桩)设计高程）

$HD=180.749$ （降低边(本例是右边桩)设计高程）

至此,所求点 U 横断面设计高程计算完成。以下只要按 $\boxed{\text{EXE}}$ 键,按屏幕提示输入计算段内任一所求点的桩号,就可计算出该所求点横断面左、中、右抬高值(降低值),该横断面的超高横坡度及左、右桩设计高程。

当后缓和段各所求点计算完成,只要给 $U^?$ 输入 0 或小于零的数,例如输入－1,计算器自动重新要求输入起算数据 $F^?$、$E^?$、$M^?$、$B^?$、$D^?$、$C^?$、$A^?$、$P^?$,只要按提示逐一输入需要计算段的相关数据,即可计算该段任一所求点的超高、加宽数据。

本例计算的起算数据及计算结果见表 2-4。

弯道超高绕中轴旋转超高横坡度计算及边桩高程计算   表 2-4

已知条件	$E=-0.002$ $C=80\text{m}$ $B=15.50\text{m}$ 起点:ZHK247+735.5 $D=0.04$ $a=+11°54'05''$(右) $R=780\text{m}$ 终点:HZK247+977.53							
桩号	中桩高程	左桩高程	左横坡度	左抬高值	中桩抬高值	右抬高值	右横坡度	右桩高程
ZHK247+735.5	182.272	182.117	-0.02	0	0.155	0	-0.02	182.117
+740	182.238	182.109	-0.01663	0.026	0.155	0	0.02	182.083
+760	182.089	182.076	-0.00163	0.142	0.155	0	-0.02	181.934
+780	181.940	182.044	0.01338	0.259	0.155	0	-0.02	181.785
+800	181.791	182.011	0.02838	0.375	0.155	-0.095	-0.02838	181.571
+815.5	181.675	181.985	0.04	0.465	0.155	-0.155	-0.04	181.365
+820	181.642	181.952	0.04	0.465	0.155	-0.155	-0.04	181.332
+840	181.492	181.802	0.04	0.465	0.155	-0.155	-0.04	181.182
+860	181.343	181.653	0.04	0.465	0.155	-0.155	-0.04	181.033
+880	181.194	181.504	0.04	0.465	0.155	-0.155	-0.04	180.884
YH+897.53	181.063	181.373	0.04	0.465	0.155	-0.155	-0.04	180.753
+900	181.045	181.341	0.03815	0.451	0.155	-0.145	-0.03815	180.749
+920	180.896	181.075	0.02315	0.334	0.155	-0.068	-0.02315	180.717
+940	180.746	180.809	0.00815	0.218	0.155	0	-0.02	180.591
+960	180.597	180.544	-0.00685	0.102	0.155	0	-0.02	180.442
HZ+977.53	180.466	180.311	-0.02	0	0.155	0	-0.02	180.311

注:1. 本例右转弯,弯道右低左高。

    2. 本例没有加宽。

（2）绕边轴旋转案例

①案例背景

本算例采用陶启燊《公路测设实用程序》超高及加宽计算②边轴旋转表 23-6 中的数据：

　　a.路肩坡度：3%。

　　b.路拱坡度：2%。

　　c.路肩宽：1.5m。

　　d.路面宽：9.0m。

　　e.最大超高横坡度：6%。

　　f.缓和段长度：45m。

　　g.最大加宽值：1.2m。

　　h.前缓和段起点（ZH）：K3+361.74，止点（HY）：K3+406.74，前缓和段长：406.74－361.74＝45.0m。

　　i.后缓和段起点：（HZ）：K3+497.52，止点 YH：K3+452.52，后缓和段长：497.52－452.52＝45.0m。

　　j.最大超高段起点（HY）：K3+406.74，止点（YH）：K3+452.52，全超高段长：452.52－406.74＝45.78m。

　　k.右转角，弯道右低左高。

②选用程序

这个案例是边轴旋转，可选用前述：fx-5800/9750 计算器边轴旋转程序 BZCGHDJS 来计算。

③程序执行操作方法步骤

此例以陶启燊著的起算数据、用作者的边轴旋转程序来计算左边桩抬高值、中桩抬高值、右边桩降低值及加宽值，以验证 BZCGHDJS 程序的准确正确性。由于原著没提供中桩设计高程，故不计算左、右边桩设计高程。

原著数据及验算数据见表 2-5。

由表 2-5 知，原著及验算的超高值及加宽值相等。

程序操作方法步骤同 2.5.3 节。读者可用表中数据练习演算，应注意的是，计算前缓和曲线时，$A?$ 应输入 ZH 桩号：361.74，当计算完成，给 $U?$ 输入 0 或 －1，则计算器要求重新输入自变量 $F?$、$E?$、$M?$、$B?$、$D?$、$C?$、$A?$，此时 $A?$ 应输入后缓和曲线段 HZ 的桩号：497.52。

绕边轴旋转超高及加宽验算 表 2-5

已知数据	1.路肩坡度 3%;2 路拱 2%;3.路肩宽:1.5m;4.路面宽:9.0m;5.全加宽 1.2m;6.最大超高横坡度;6%;7.缓和段长 45.0m;8.转向:右转弯							
桩号	外侧 HW(m)		中线 HZ(m)		内侧 HN(m)		加宽 V(m)	
	原著	验算	原著	验算	原著	验算	原著	验算
ZH K3+361.74	0.02	0.015	0.1	0.135	0.02	0.015	0	0
+380	0.28	0.283	0.15	0.155	0.00	−0.003	0.49	0.487
+400	0.58	0.576	0.27	0.274	−0.08	−0.084	1.02	1.020
HY K3+406.74	0.68	0.675	0.32	0.315	−0.12	−0.117	1.20	1.20
+420	0.68	0.675	0.32	0.315	−0.12	−0.117	1.20	1.20
QZ +429.63	0.68	0.675	0.32	0.315	−0.12	−0.117	1.20	1.20
+440	0.68	0.675	0.32	0.315	−0.12	−0.117	1.20	1.20
YH K3+452.52	0.68	0.675	0.32	0.315	−0.12	−0.117	1.20	1.20
+481.27	0.25	0.253	0.14	0.143	0.0	0.003	0.43	0.433
HZ K3+497.52	0.02	0.015	0.14	0.135	0.02	0.015	0.0	0.0

注:1.HW,弯通外缘抬高值。

2.HZ,弯道中线抬高值。

3.HN,弯道内缘降低值。

4.V,加宽值。

5.原著,指陶启粼书上表 23-6 中的数据。

6.验算,指作者用 fx-5800/9750 计算器绕边轴旋转程序计算的数据。

附录 线路直线段中、边桩坐标计算程序

(1) fx-5800 程序

①文件名：ZXYJS(直线 XY 计算)

②程序清单

```
1. Lbl 0 ↵
2. "A"? A："B"? B："C"? C："D"? D ↵
3. Pol(C−A,D−B) ↵
4. "I="：I ◢
5. J→F ↵
6. F<0⇒F+360→F ↵
7. "F="：F▶DMO ◢
8. Lbl 1 ↵
9. "K"? K："L"? L ↵
10. If L<0：Then Goto 0：IfEnd ↵
11. Rec(L−K,F) ↵
12. "X="：A+I→X ◢
13. "Y="：B+J→Y ◢
14. Lbl 2 ↵
15. "W"? W："E"? E ↵
16. "YX="：X+Wcos(F+E) ◢
17. "YY="：Y+Wsin(F+E) ◢
18. "Z"? Z ↵
19. "ZX="：X+Zcos(F+(−(180−E))) ◢
20. "ZY="：Y+Zsin(F+(−(180−E))) ◢
21. Goto 1
```

程序中：A?,B? ——线路直线段起点坐标；

      C?,D? ——线路直线段终点坐标。

$I=$ ——直线段起点、终点间距离,可视为桥涵中轴线长度;

$F=$ ——直线(中轴)的方位角;

$K^?$ ——直线段起点(中轴线端点)的桩号,可令 $K=0.000$;

$L^?$ ——直线段(中轴)上任一点的(所求点)桩号;若 $K=0.000$,则 L 为 K 至 L 间长度(距离);

$X=,Y=$ ——L 点的中桩坐标;

$W^?$ ——L 点的右边距;

$E^?$ ——右夹角,输入正值;

$YX=,YY=$ ——右边桩坐标;

$Z^?$ ——L 点的左边距;

$ZX=,ZY=$ ——左边桩坐标。

注意:这里的线路直线段,可视为是桥涵基础中轴线;起点坐标,可视为中轴线一端的坐标;终点坐标,可视为中轴线另一端的坐标。

③程序功能及注意事项

当线路直线段起点坐标、方位角已知时,本程序可计算:

a.线路直线段上任一点的中、边桩坐标;

b.线路构造物(桥涵等)中轴线上任一点的中、边桩坐标。

当线路直线段起点和终点坐标已知时,本程序可计算该直线方位角及边长。

本程序序号 1～序号 7,可根据线路直线两端点坐标,反算该直线段边长和方位角;序号 8～序号 13,可计算该直线段上任一点的(中桩)坐标;序号 14～序号 20,可计算该直线段上任一点(中桩)的左、右边桩的坐标。这一功能,可为本书第一章通用程序计算直线段的方位角和边长,并可核算检查通用程序计算直线段上任一点的左、右边桩坐标的正确性。

本程序计算直线段边桩坐标时,用 $W^?$ 控制右边桩,用 $Z^?$ 控制左边桩,只要给 $E^?$ 输入右边夹角正值,就可很方便地计算正交或斜交的左、右边桩坐标。

当线路直线段上任一点中、边桩坐标计算完成,需计算另一直线段时,只要给 $L^?$ 输入小于 0 的数,例如,输入 -1,程序自动要求重新输入 $A^?$、$B^?$、$C^?$、$D^?$,开始重新计算。这一功能,可很方便地连算下去,不需重新选择文件名。

(2) fx-9750 程序

①文件名:ZXYJS(直线 XY 计算)

②程序清单

1. "A"? →A："B"? →B："C"? →C："D"? →D↵

2. Pol(C−A,D−B)↵

3. "I=" : List Ans[1]→I ◢

4. List Ans [2]→J ↵

5. J<0⇒J+360→J ↵

6. "J=" : J▶DMS ◢

7. Lbl 1 ↵

8. "K"? →K："L"? →L ↵

9. Rec(L−K,J)↵

10. List Ans[1]→V ↵

11. List Ans[2]→U ↵

12. "X=" : A+V→X ◢

13. "Y=" : B+U→Y ◢

14. "W"? →W："E"? →E ↵

15. "YX=" : X+Wcos(J+E) ◢

16. "YY=" : Y+Wsin(J+E) ◢

17. "Z"? →Z ↵

18. "ZX=" : X+Zcos(J+(−(180−E))) ◢

19. "ZY=" : Y+Zsin(J+(−(180−E))) ◢

20. Goto 1

程序中：A?,B? ——线路直线段起点坐标；

C?,D? ——线路直线段终点坐标；

I= ——线路直线段起点、终点距离；

J= ——直线段方位角；

K? ——起点桩号,可令 $K=0.000$；

L? ——直线段上任一点桩号,若 $K=0.000$,则 L 为 K 至 L 间长度；

X=,Y= ——任一点的中桩坐标；

W? ——任一点的右边距；

E? ——右夹角,输入正值；

YX=,YY= ——右边桩坐标；

Z? ——任一点的左边距；

ZX=,ZY= ——左边桩坐标。

③程序功能及注意事项

同上述 fx-5800 程序。

（3）案例

本案例核算 1.4 中案例四。

①案例起算数据

见图 1-4、图 1-6。

BK0+512,箱涵主轴线起点 A 的坐标：

$X=778.937,Y=7056.176$。

BK0+512 箱涵主轴线终点 B 的坐标：

$X=760.618,Y=7073.887$。

②程序执行操作方法步骤

本案例核算 D 点及左、右边桩⑧、⑦的坐标,程序执行操作方法步骤如下（用 fx-9750 程序）：

a.按 AC 键,开机。

b.按 MENU 1 键,清除屏幕上次关机时保留的内容。

c.按 MENU 9 ▼ 选择文件名:ZXYJS。

d.按 EXE 键,按照屏幕提示输入：

A? 输入主轴线起点 X 坐标:778.937；

B? 输入主轴线起点 Y 坐标:7056.176；

C? 输入主轴线终点 X 坐标:760.618；

D? 输入主轴线终点 Y 坐标:7073.887。

至此,箱涵主轴线起算数据输入完成。以下按 EXE 键,显示计算结果：

$I=25.482$（主轴线起点、终点间距离,与设计图 1-6 值 $4.48+4.38+12.14+4.48=25.48$ 相等,说明计算正确）

$J=135°58'00.''35$ （主轴线的方位角）

以上线路直线段起、终点坐标反算完成,计算出该直线段长度及方位角,以下可据此计算直线段任一点及右、左边桩点的坐标。

e. EXE 键,按屏幕提示输入：

K? 输入中轴线起点桩号,可令 $K=0.000$（下同）；L?,输入中轴线上所求点桩号,因 $K=0.000$,所以,此处输入所求点至 K 的距离,此例计算 D 点及两侧⑪、⑫、⑦、⑧点,则 L? 输入:$4.48+4.38+12.14$ 则主轴线上 D 点的坐标：

$X=763.839$；

$Y=7070.773$。

f. 按 $\boxed{\text{EXE}}$ 键,按屏幕提示输入:

W? 输入 D 点右边距:2.128;计算⑪点 E?,输入右夹角:110°,则:

$YX=762.973$;

$YY=7068.829$。

g. 按 $\boxed{\text{EXE}}$ 键,显示:Z?,输入 D 点左边距:2.128,则:

$ZX=764.706$;

$ZY=7072.716$。

h. 按 $\boxed{\text{EXE}}$,显示:K?,输入 0.000:

L?,输入:$4.48+4.380+12.14$

$\left.\begin{array}{l}则:X=763.839\\ \quad\ Y=7070.773\end{array}\right\}D$ 点中桩坐标

W? 输入 D 点右边桩:2.79,计算⑦点,则;

E? 输入右夹角:110

$YX=762.703$;

$YY=7068.224$;

Z? 输入 D 点左边距:302,计算⑧点,则:

$ZX=765.069$;

$ZY=7073.531$。

以上中轴线上 D 点及右、左边桩坐标计算完成。读者可仿上计算主轴线上 A 点、C 点、B 点及右、左边桩坐标练习。

计算时,应注意:

A 点,L? 应输入 0.000;

C 点,L? 应输入:4.48;

B 点,L? 应输入:$4.48+4.38+12.14+4.48=25.48$ 计算结果见图 1-6。